Manar Kassou

O impacto do Blockchain no Big Data

Manar Kassou

O impacto do Blockchain no Big Data

Uma revolução tecnológica na gestão e análise de dados

ScienciaScripts

Imprint

Any brand names and product names mentioned in this book are subject to trademark, brand or patent protection and are trademarks or registered trademarks of their respective holders. The use of brand names, product names, common names, trade names, product descriptions etc. even without a particular marking in this work is in no way to be construed to mean that such names may be regarded as unrestricted in respect of trademark and brand protection legislation and could thus be used by anyone.

Cover image: www.ingimage.com

This book is a translation from the original published under ISBN 978-620-6-71476-7.

Publisher:
Sciencia Scripts
is a trademark of
Dodo Books Indian Ocean Ltd. and OmniScriptum S.R.L publishing group

120 High Road, East Finchley, London, N2 9ED, United Kingdom
Str. Armeneasca 28/1, office 1, Chisinau MD-2012, Republic of Moldova, Europe
Printed at: see last page
ISBN: 978-620-8-01991-4

O IMPACTO DA CADEIA DE BLOCOS NOS GRANDES VOLUMES DE DADOS

KASSOU Manar

Dedicado a

"Por todas as almas altruístas do mundo que oferecem a sua ajuda, orientação e motivação para que os outros possam ter sucesso na vida. Para as pessoas excepcionais que acreditam na humanidade e na bondade, e para todos aqueles que amam os outros independentemente da sua cor ou religião. "

Índice

INTRODUÇÃO 4

CAPÍTULO 1 9

CAPÍTULO 2 27

CAPÍTULO 3 50

CAPÍTULO 4 100

CAPÍTULO 5 126

CONCLUSÃO GERAL 141

REFERÊNCIAS..147

INTRODUÇÃO

Atualmente, a cadeia de blocos é considerada por muitos especialistas como a quinta evolução das tecnologias da informação e da comunicação (TIC). Esta afirmação é apoiada por vários elementos, como a rápida evolução das infra-estruturas digitais, o aumento exponencial do volume de dados e a necessidade crescente de segurança e transparência nas transacções digitais. Um estudo realizado pela Price Waterhouse Coopers (2018) junto de 600 líderes empresariais de 15 países diferentes revelou que 84% das empresas inquiridas planeavam utilizar Blockchain em algum momento das suas operações.

Estas empresas vêem a cadeia de blocos como uma tecnologia disruptiva capaz de ter um impacto significativo nos seus sectores de atividade, nomeadamente através da redução de custos, da melhoria da eficiência dos processos e do aumento da transparência e da segurança das transacções.

A cadeia de blocos ganhou um reconhecimento considerável por parte dos investigadores e está a atrair cada vez mais atenção na arena da inovação global. Descrita como uma "máquina de confiança", foi prevista para "redefinir o mundo" pelo The Economist em 2015.

Esta tecnologia é frequentemente comparada com outras tecnologias da próxima geração, como a Internet das Coisas (IoT), a computação em nuvem e os grandes dados.

A Blockchain distingue-se pelo seu modelo de aplicação único e inovador que combina armazenamento distribuído de dados, transacções peer-to-peer descentralizadas e independentes, mecanismos de consenso automáticos e inteligentes, sistemas de gestão da informação, contratos inteligentes programáveis e algoritmos de encriptação dinâmicos (Kassou et al., 2020).

De acordo com o relatório Gartner (2016-2017), a Blockchain foi classificada entre as tecnologias emergentes mais propensas a expectativas inflacionadas. Permite transacções bilaterais e multipartes num ambiente distribuído e descentralizado, oferecendo caraterísticas como o registo completo da rede, a proveniência da informação e a resistência à falsificação (Kassou et al., 2020). Além disso, a infraestrutura Blockchain permite a aplicação de regras em caso de quebra de confiança, o que é crucial numa sociedade em que uma grande parte das interações se baseia na confiança e na aplicação de regras.

As implicações sociais e económicas das aplicações da cadeia de blocos são vastas e potencialmente polarizadoras, uma vez que esta tecnologia poderá transformar profundamente a forma como estruturamos as transacções baseadas em valores e a própria sociedade (Al-Saqaf & Seidler, 2017).

À medida que a Blockchain continua a desenvolver-se e a implantar-se em grande escala, promete tornar-se uma importante força motriz na evolução dos sistemas digitais e das práticas comerciais em todo o mundo.

Um dos aspectos mais intrigantes da cadeia de blocos é a sua capacidade de fornecer soluções inovadoras para os desafios tradicionais da gestão de dados. Por exemplo, no sector da saúde, a cadeia de blocos pode garantir a confidencialidade e a segurança dos registos médicos dos pacientes, permitindo simultaneamente a partilha rápida e segura de informações entre profissionais de saúde. No sector financeiro, pode facilitar transacções transfronteiriças mais rápidas e mais baratas, reduzindo simultaneamente o risco de fraude através dos seus mecanismos de verificação descentralizados.

A cadeia de blocos também tem um potencial transformador na gestão da cadeia de abastecimento. Ao oferecer uma rastreabilidade completa dos produtos, desde a sua origem até ao seu destino final, esta tecnologia pode melhorar a transparência, reduzir a fraude e aumentar a eficiência dos processos logísticos.

Desde empresas do sector alimentar a fabricantes de bens de luxo, muitos já estão a explorar os benefícios da cadeia de blocos para garantir a autenticidade e a proveniência dos seus produtos. No domínio da governação e dos serviços públicos, a cadeia de blocos poderá revolucionar a gestão das identidades, a realização de eleições e a prestação de serviços administrativos. Ao proteger os dados e tornar os processos mais transparentes, esta tecnologia poderá reforçar a confiança dos cidadãos nas instituições públicas e reduzir a corrupção.

No entanto, a adoção da cadeia de blocos não está isenta de desafios. As empresas e os governos têm de ultrapassar os obstáculos técnicos, regulamentares e culturais para integrar plenamente esta tecnologia. A complexidade da implementação de sistemas baseados em cadeias de blocos exige competências especializadas e uma infraestrutura robusta. Além disso, a necessidade de normas e quadros regulamentares adequados é essencial para garantir a adoção harmoniosa e segura da cadeia de blocos em grande escala. Em conclusão, a cadeia de blocos representa uma grande evolução no panorama tecnológico atual. A sua capacidade de oferecer soluções seguras, transparentes e eficientes para a gestão de dados e transacções faz dela uma tecnologia fundamental para o futuro. Ao explorar e explorar plenamente o potencial da cadeia de blocos, as empresas e organizações podem não só melhorar a sua eficiência e competitividade, mas também contribuir para a criação de um ambiente digital mais equitativo e fiável. Esta integração abre caminho a uma nova era de inovação em que a gestão de dados em massa é simultaneamente fiável e segura, abrindo horizontes inexplorados para a investigação e a indústria.

CAPÍTULO 1

"A emergência da cadeia de blocos"

Os avanços na computação promoveram o desenvolvimento de redes modernas e da criptografia, ambos essenciais para o surgimento da tecnologia blockchain. A criptografia desempenha um papel crucial na cadeia de blocos. No entanto, é importante notar que as origens da criptografia remontam muito antes da introdução da computação. De facto, o primeiro exemplo de um documento encriptado a ser descoberto foi uma tábua de argila desenterrada no Iraque, datada do século XVI.

Um ceramista tinha escrito uma receita na máquina, apagando certas consoantes e alterando a ortografia das palavras. [15]Ao longo do tempo, foram desenvolvidas várias técnicas de encriptação, que culminaram na famosa máquina Enigma, utilizada pelos alemães durante a Segunda Guerra Mundial.

Após a Segunda Guerra Mundial, teve início a era da comunicação moderna, introduzida por Claude Shannon e o seu artigo publicado em 1948: "A Mathematical Theory of Communication". Ao teorizar a digitalização das comunicações, Claude Shannon abriu o caminho para a criptologia moderna. Cerca de vinte anos mais tarde, em 1969, nos Estados Unidos, o projeto ARPANET, iniciado pela defesa e pelas universidades americanas (UCLA, Stanford), levou à criação da primeira rede de comunicações computador a computador.

Foi a partir desta rede que nasceu a Internet, como ferramenta para alojar múltiplas aplicações como o email, a web e as redes peer-to-peer, sendo esta última a base para a construção de uma rede que interliga os utilizadores da Blockchain. Em meados da década de 1970, a criptografia assimétrica expandiu-se. Os algoritmos resultantes permitem que duas entidades troquem chaves de encriptação para resolver dois problemas cruciais:

- ✓ Garantir a confidencialidade de uma comunicação entre duas partes,

- ✓ Garantir a autenticidade do remetente de uma mensagem.

(Leslie Lomport, 1982), um cientista informático americano, publicou "The Byzantine General Problem". O dilema bizantino é uma metáfora matemática para avaliar a resistência de um sistema a falhas de comunicação e a integridade dos seus participantes. Esta avaliação é de importância vital numa rede aberta ao público e suscetível a utilizadores maliciosos ou fraudulentos.

David Chaum (1982) criou a Ecash, uma moeda eletrónica

centralizada comercializada pela Digicash em 1989. Esta moeda garante pagamentos anónimos com base num protocolo criptográfico inventado pelo próprio David Chaum (a assinatura cega). Embora a Digicash tenha falido em 1998, a inovação criptográfica da assinatura cega continua a ser utilizada, nomeadamente nos sistemas de votação eletrónica.

A introdução da moeda digital Ecash foi um passo crucial para o desenvolvimento de moedas virtuais, como a Bitcoin, que se tornou a primeira utilização em grande escala da tecnologia de cadeia de blocos. A primeira noção semelhante à cadeia de blocos e a menção de "confiança distribuída" surgiram em 1991.

O artigo "How to Time-Stamp a Digital Document" de (Haber e Stornetta), publicado no Journal of Cryptography, examina como é possível marcar no tempo qualquer conteúdo digital sem a possibilidade de fraude quanto ao conteúdo do ficheiro. Nos anos 90, numa altura em que os formatos digitais estavam a tornar-se cada vez mais populares, estes dois investigadores estudaram formas de fornecer uma prova datada da existência de um documento digital, com o objetivo de garantir a primazia de uma descoberta científica.

Para além de certificar a data em que um documento foi depositado, o seu objetivo de investigação era criar um sistema que permitisse confirmar a integridade inalterável do documento depositado. Assim, propuseram a utilização de funções de hash informáticas para gerar uma impressão digital inviolável de um ficheiro. Pela primeira vez, propuseram ligar os dados cronologicamente para criar um sistema em que fosse impossível alterar a sequência dos acontecimentos.

Foi assim que o conceito de cadeia de blocos foi introduzido pela primeira vez. Os conceitos de hashing e cadeia de blocos, que são elementos essenciais da tecnologia de cadeia de blocos, foram largamente retomados quase 20 anos mais tarde pela Bitcoin.

Adam Back (2002), um criptógrafo britânico, propôs o sistema de prova de trabalho HashCash. Este sistema foi desenvolvido em resposta ao problema do spam e dos ataques de negação de serviço.

O princípio de prova de trabalho de Adam Back tornou-se uma parte essencial da cadeia de blocos Bitcoin, permitindo a validação de novos dados. (Nick Szabo, 1998-2005) desenvolveu o projeto BitGold.

A arquitetura técnica subjacente ao funcionamento desta moeda é muito semelhante à da Bitcoin. Pela primeira vez, foi introduzida no mercado uma moeda digital descentralizada. Tal como a Bitcoin, a BitGold utiliza um sistema de prova de trabalho, com transacções organizadas em blocos e ligadas criptograficamente umas às outras, sendo depois distribuídas por uma rede.

Embora a BitGold seja muito semelhante à Bitcoin, existe ainda uma barreira tecnológica. De facto, esta moeda oferece uma solução muito vulnerável para o problema da dupla despesa. Todas estas inovações tecnológicas e projectos mais ou menos bem sucedidos ajudaram a criar um ambiente fértil para a cadeia de blocos. De facto, veremos que a primeira blockchain do Bitcoin pode ser desconstruída tecnologicamente como a soma das inovações acima referidas.

1.1. A ASCENSÃO DA BITCOIN

O advento da Bitcoin marca uma grande revolução na tecnologia financeira e nos sistemas de pagamento digital. Em 2009, o misterioso Satoshi Nakamoto apresentou a Bitcoin, uma moeda digital descentralizada baseada numa tecnologia inovadora denominada "blockchain".

Esta tecnologia baseia-se em princípios criptográficos avançados e numa arquitetura de rede peer-to-peer, permitindo transacções seguras e transparentes sem intermediários de confiança.

O surgimento da Bitcoin não aconteceu de forma isolada; é o

resultado de décadas de investigação e inovação em criptografia, computação e redes de comunicação. A Bitcoin surgiu num contexto de confiança abalada nas instituições financeiras tradicionais, particularmente na sequência da crise financeira global de 2008.

Os Cypherpunks, um grupo de criptógrafos e activistas, têm desempenhado um papel crucial na promoção da privacidade e da descentralização através de tecnologias criptográficas. A sua visão de um mundo em que a confiança se baseia no código e na matemática e não em instituições centralizadas encontrou uma aplicação concreta na Bitcoin.

A introdução da primeira criptomoeda não só abriu caminho a muitas outras moedas digitais, como também deu início a uma profunda transformação dos sistemas económicos e dos mecanismos de transação. O impacto da Bitcoin vai para além da simples transferência de valor, propondo uma nova forma de interação económica baseada na descentralização, na transparência e na segurança.

O estudo do advento do Bitcoin fornece uma visão dos fundamentos tecnológicos e filosóficos desta inovação. Explorando os contributos dos Cypherpunks, os avanços na criptografia e a evolução das redes informáticas, esta secção destaca a forma como a Bitcoin pôde surgir como resposta à necessidade de uma moeda digital fiável e independente das instituições tradicionais.

1.1.1. CYPHERPUNKS

O movimento Cypherpunks toma o seu nome da combinação das palavras "Cyberpunk", que evoca o universo digital, e "cipher", que significa "cifra" ou "código secreto". Este grupo, constituído maioritariamente por criptógrafos, matemáticos e informáticos, surgiu na sequência da publicação dos artigos de David Chaum no final dos anos 1980. Os Cypherpunks vêem a revolução digital como uma realidade dupla: uma oportunidade e uma ameaça.

Consideram que a digitalização das comunicações permite aos governos efetuar uma vigilância em grande escala das trocas de informações. Em 1992, Eric Hughes, Timothy C. May e John Gilmore reuniram-se regularmente e criaram uma lista de correio eletrónico que, em 1997, contava com 2.000 assinantes. Esta lista de discussão permitiu-lhes comunicar e colaborar em projectos conjuntos. Em 1993, Eric Hughes escreveu o "Manifesto Cypherpunk", definindo as principais exigências e objectivos do movimento. Os três pontos principais do Manifesto são

Figura 1: Os principais temas do manifesto

Fonte: produzido pelo autor

No centro da filosofia Cypherpunk está a crença de que a grande questão na era da Internet é se o Estado vai estrangular a liberdade e a privacidade individuais através da sua capacidade de vigilância. Estes activistas agem com base em dois princípios fundamentais.

A primeira é contribuir para os avanços tecnológicos, nomeadamente no domínio da criptografia. O segundo é integrar a criptografia em várias aplicações online. Através do seu pensamento, os Cypherpunks lançaram as bases de um movimento que, alguns anos mais tarde, levaria à criação do Bitcoin.

Em 1998, Wei Dai publicou na lista de discussão Cypherpunks os fundamentos de uma moeda chamada B-money, que pretendia ser anónima, eletrónica e descentralizada. Segundo eles, o objetivo de ter uma moeda descentralizada era libertar-se do controlo exercido por instituições centrais como os bancos.

Na prossecução dos seus objectivos, este movimento desenvolveu um conceito que é essencial para a blockchain. Segundo os Cypherpunks, uma vez que não se pode confiar absolutamente num Estado central para garantir, entre outras coisas, a privacidade dos cidadãos, a confiança deve basear-se no próprio software e no código informático que ele contém, e não em regulamentos legais. Por outras palavras, esta visão marca uma transferência de confiança do Estado e das autoridades centrais para as infra-estruturas utilizadas para as trocas.

1.1.2. BLOCKCHAIN 1.0: BITCOIN

A cronologia da blockchain pode ser segmentada em dois períodos principais, divididos pela criação da Bitcoin em 2009, que está intimamente ligada ao seu desenvolvimento.

O período compreendido entre os anos 70 e 2009 representa não só o aparecimento das diferentes tecnologias que viriam a constituir a blockchain da Bitcoin, mas também a intenção de certos actores de as combinarem para criar sistemas que se assemelham cada vez mais ao modelo atual da blockchain.

O Bitcoin foi o primeiro projeto a pôr em prática esta tecnologia em grande escala. Em 3 de janeiro de 2009, o primeiro bloco da cadeia de blocos Bitcoin foi criado por Satoshi Nakamoto, dando origem à primeira moeda digital baseada na tecnologia de cadeia de blocos.

A validação do conceito Bitcoin inspirou então uma série de programadores e empresários a alargar a utilização da Blockchain para além das criptomoedas. Atualmente, começam a ser desenvolvidos os primeiros projectos no domínio da saúde.

O misterioso Satoshi Nakamoto reservou o nome de domínio bitcoin.org em 19 de agosto de 2008, mas sabe-se muito pouco sobre esta pessoa. Ninguém pode dizer com certeza se Satoshi Nakamoto é uma única pessoa ou um grupo de pessoas a trabalhar em conjunto.

Em 31 de outubro do mesmo ano, Satoshi Nakamoto publicou uma mensagem numa lista de discussão criptográfica, semelhante à utilizada pelos Cypherpunks: "Tenho estado a trabalhar num novo sistema de pagamento eletrónico que é inteiramente peer-to-peer, sem terceiros de confiança".

Propriedades principais :

Figura 2: Principais propriedades da Bitcoin

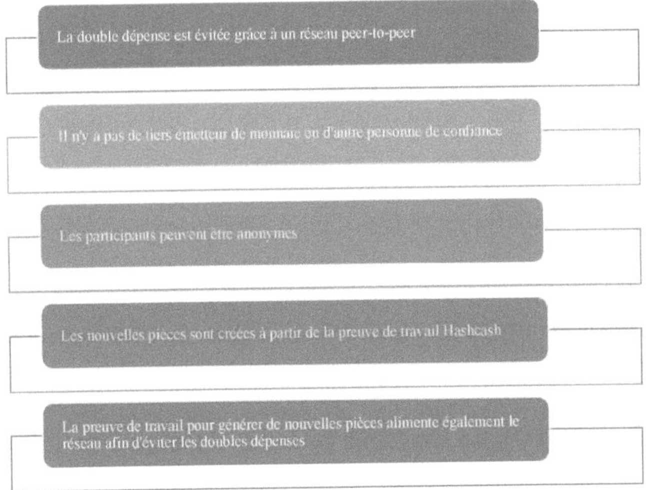

Fonte: produzido pelo autor

O Livro Branco da Bitcoin (Nakamoto, 2008) expõe em pormenor os objectivos e os meios técnicos de criação desta moeda eletrónica. Este documento marca uma etapa crucial na emergência de uma moeda totalmente descentralizada, sem intermediário de confiança e com um nível de segurança adequado.

A Bitcoin é amplamente considerada como a primeira criptomoeda e abriu caminho para muitas outras criptomoedas que surgiram posteriormente. Cada criptomoeda tem as suas próprias caraterísticas técnicas e objectivos específicos.

Em 19 de agosto de 2018, existiam mais de 1600 criptomoedas diferentes. Apesar da sua diversidade, todas estas criptomoedas partilham uma caraterística comum: baseiam-se numa tecnologia chamada Blockchain. Esta tecnologia revolucionou o funcionamento das criptomoedas ao permitir que as transacções sejam registadas de forma transparente e segura. O primeiro bloco de bitcoins foi criado em 3 de janeiro de 2009, seguido da primeira transação de 10 bitcoins nove dias depois. Em 5 de outubro de 2009, foi feita uma primeira estimativa do valor da bitcoin, com base no seu custo de produção (0,00071 euros), que representa a eletricidade necessária para manter a rede. Em novembro de 2010, o valor da bitcoin atingiu 40 cêntimos e, em 12 de dezembro de 2010, Satoshi Nakamoto anunciou a sua saída do projeto Bitcoin.

No final de 2013, o valor da bitcoin ultrapassou os 800 euros, marcando a sua entrada no mercado e a sua aceitação pelas primeiras organizações. Autoridades como os governos e os bancos centrais estão também a começar a interessar-se por esta criptomoeda.

Em 2017, a bitcoin atingiu o seu máximo histórico com um valor de 16 323 euros e uma capitalização bolsista de mais de 281 mil milhões de euros. Desde então, o seu valor desceu, para cerca de

5 600 euros em setembro de 2018. Satoshi Nakamoto conseguiu tirar partido dos avanços tecnológicos, como a criptografia e a prova de trabalho, baseando-se em projectos anteriores como o E-cash e o B-money.

A Bitcoin e a sua tecnologia subjacente, a Blockchain, revolucionaram a confiança entre partes que não se conhecem, permitindo a troca de valores sem a intervenção de um terceiro de confiança. A Bitcoin foi o primeiro caso de utilização da tecnologia de cadeia de blocos, abrindo caminho para a sua diversificação e maturidade crescente. O segundo período, pós-2009, foi marcado por uma explosão de inovações e aplicações baseadas em cadeias de blocos. Os empresários e programadores reconheceram rapidamente o potencial da cadeia de blocos para além das criptomoedas, explorando áreas como os contratos inteligentes, as finanças descentralizadas (DeFi), a gestão da cadeia de abastecimento e até as indústrias criativas, como a arte e a música.

O Ethereum, lançado em 2015 por Vitalik Buterin, é um exemplo emblemático desta diversificação. O Ethereum introduziu a possibilidade de criar e executar contratos inteligentes, programas autónomos que são executados automaticamente quando são cumpridas condições predefinidas. Esta inovação abriu caminho a uma série de novas aplicações, tornando possível conceber sistemas descentralizados complexos que não dependem de nenhuma autoridade central. A Blockchain também começou a atrair a atenção das empresas tradicionais e dos governos. Gigantes tecnológicos como a IBM e a Microsoft desenvolveram plataformas de cadeia de blocos para empresas, permitindo soluções transparentes e seguras para a cadeia de abastecimento.

Entretanto, os governos estão a explorar a utilização da cadeia de blocos para aplicações como a votação eletrónica segura, o registo predial e a gestão da identidade digital. Paralelamente, as finanças descentralizadas (DeFi) emergiram como um domínio particularmente dinâmico. As aplicações DeFi procuram recriar e melhorar os serviços financeiros tradicionais - concessão de empréstimos, contração de empréstimos, comércio, seguros - utilizando protocolos descentralizados na cadeia de blocos. Isto promete maior acessibilidade, transparência e segurança, reduzindo simultaneamente os custos e as ineficiências associadas aos intermediários financeiros tradicionais. Por último, o impacto social e cultural da cadeia de blocos não deve ser subestimado. O conceito de propriedade digital, nomeadamente através de tokens não fungíveis (NFT), começou a transformar sectores como a arte, a música e os jogos de vídeo, oferecendo novas formas de rentabilizar e proteger a propriedade intelectual. Os NFT permitem aos criadores vender obras de arte digitais com prova de propriedade e autenticidade registada na cadeia de blocos, criando novas oportunidades para artistas e coleccionadores. O período pós-2009 viu a cadeia de blocos evoluir de uma tecnologia de nicho centrada nas criptomoedas para uma infraestrutura versátil e disruptiva capaz de transformar muitos aspectos da nossa sociedade e economia.

Esta evolução rápida e contínua sublinha o imenso potencial da cadeia de blocos e as suas implicações a longo prazo para uma variedade de sectores e práticas sociais.

1.2. A ERA POS-BITCOIN

A criação da Bitcoin em janeiro de 2009 despertou um interesse crescente na tecnologia subjacente, a Blockchain. Ao longo dos anos, esta tecnologia tem atraído programadores que a têm utilizado para criar novas criptomoedas. Ao mesmo tempo, os programadores também têm vindo a analisar as muitas aplicações da tecnologia Blockchain fora do domínio das moedas digitais. Num artigo para o Financial Times, Sally Davies comparou a Blockchain à Internet, salientando o seu potencial como sistema eletrónico para a criação de uma variedade de aplicações, sendo a moeda apenas uma das facetas. Como a cadeia de blocos da bitcoin é de código aberto, foi adaptada por várias pessoas para criar numerosas criptomoedas, embora apenas sejam mencionadas algumas das mais de 1600 existentes. Estas criptomoedas alternativas, conhecidas como altcoins, são geralmente melhorias incrementais em vez de inovações disruptivas. A Litecoin, por exemplo, que surgiu em outubro de 2011, reduziu os tempos de confirmação das transacções em comparação com a bitcoin. A Peercoin, por sua vez, introduziu um novo método de consenso denominado "prova de participação" em agosto de 2012, que consome menos energia do que a prova de trabalho utilizada pela bitcoin. A Monero e a ZCash, criadas em 2014 e 2016, respetivamente, melhoraram a confidencialidade das transacções limitando o acesso à lista de transacções. Por último, o BitcoinCash, derivado da bitcoin em agosto de 2017, aumentou a dimensão dos blocos de transacções para resolver problemas de escalabilidade. A cadeia de blocos, que nasceu com a bitcoin, abriu assim caminho a uma multiplicidade de criptomoedas, cada uma com caraterísticas e funcionalidades específicas, testemunhando a diversidade e a evolução contínua desta tecnologia revolucionária.

Conclusão

Este primeiro capítulo traçou o surgimento da tecnologia blockchain e o advento do Bitcoin, destacando os elementos históricos, tecnológicos e filosóficos que levaram a essa revolução digital. Vimos como os avanços na criptografia, as inovações nas redes de computadores e as contribuições dos Cypherpunks lançaram as bases para a criação do Bitcoin. A história da criptografia, desde as primeiras técnicas de encriptação até aos algoritmos modernos, tem demonstrado a importância da proteção da informação num mundo cada vez mais digital. Os conceitos-chave introduzidos pelos pioneiros da criptografia assimétrica e as soluções para os problemas de comunicação e segurança influenciaram diretamente o desenvolvimento da blockchain. O trabalho de Claude Shannon, Leslie Lamport, David Chaum e muitos outros levou à concetualização e implementação de sistemas seguros e descentralizados. A iniciativa Cypherpunks, com a sua visão de uma sociedade digital onde a privacidade e a descentralização são fundamentais, foi crucial na criação de um ambiente favorável ao desenvolvimento de criptomoedas. As suas discussões, manifestos e projectos levaram ao desenvolvimento de alternativas aos sistemas financeiros tradicionais, culminando na criação da Bitcoin. Com a introdução da Bitcoin em 2009, Satoshi Nakamoto não só ofereceu uma nova forma de moeda digital, como também propôs uma tecnologia subjacente - a cadeia de blocos - que tem o potencial de transformar muitos sectores para além das transacções financeiras. A Bitcoin, com as suas propriedades de descentralização, segurança e transparência, demonstrou que a confiança pode ser transferida de instituições centralizadas para protocolos criptográficos robustos. Em conclusão, o advento da Bitcoin e a emergência da cadeia de blocos representam um marco significativo na evolução das tecnologias digitais. Marcam o início de uma nova era em que a descentralização e a criptografia desempenham um papel central na forma como concebemos as transacções e interações económicas. A Bitcoin abriu caminho a uma série de inovações e potenciais aplicações da cadeia de blocos, cujo impacto se fará sentir em vários domínios da sociedade.

CAPÍTULO 2

Contrato inteligente, Ethereum e Hyperledger Fabric/'

Desde a introdução da Bitcoin em 2009, a tecnologia blockchain tem evoluído rapidamente, transformando profundamente os sistemas de transação e as interações económicas. Este capítulo centra-se num dos avanços mais significativos da cadeia de blocos: os contratos inteligentes. Ao aproveitar o poder da cadeia de blocos para automatizar e proteger acordos, os contratos inteligentes estão a abrir novas oportunidades para muitas indústrias.

1.1. Blockchain 2.0: Contratos inteligentes

Os contratos inteligentes representam um grande passo em frente na evolução da cadeia de blocos, muitas vezes referida como Blockchain 2.0. Ao contrário das transacções simples de bitcoin, os contratos inteligentes permitem integrar instruções detalhadas e complexas diretamente na cadeia de blocos.

Na sua essência, um contrato inteligente é um código de software que é executado de forma autónoma e automática, sem intervenção humana, garantindo assim a execução fiel dos termos acordados entre as partes.

Esta capacidade de auto-aplicação e descentralização elimina a necessidade de confiança entre os agentes envolvidos e aumenta a transparência e a segurança das transacções. Um exemplo clássico desta tecnologia são as máquinas de venda automática, que utilizam algoritmos para executar transacções de forma fiável e repetida.

A conceção dos contratos inteligentes baseia-se em princípios fundamentais de criptografia e algoritmos distribuídos. Funcionam numa rede descentralizada de nós, em que cada nó executa o código do contrato inteligente de forma independente, garantindo uma execução consistente e transparente. Esta natureza distribuída elimina os pontos únicos de falha e garante uma maior resiliência do sistema. Os contratos inteligentes oferecem várias vantagens notáveis:

1. **Automatização e eficiência**: Os contratos inteligentes podem automatizar processos complexos, reduzindo os custos operacionais e minimizando os erros humanos. Por exemplo, no sector dos seguros, os contratos inteligentes podem processar automaticamente os pedidos de indemnização e efetuar pagamentos com base em condições predefinidas.

2. **Transparência e imutabilidade**: Todas as transacções e termos e condições dos contratos inteligentes são registados

de forma transparente na cadeia de blocos. Uma vez registadas, estas informações não podem ser modificadas, garantindo a integridade e a rastreabilidade dos dados.

3. **Segurança**: Graças à utilização de criptografia, os contratos inteligentes oferecem um elevado nível de segurança, tornando extremamente difíceis as tentativas de manipulação ou fraude. A natureza descentralizada da rede reforça ainda mais esta segurança, eliminando pontos únicos de falha.

4. **Fiabilidade e execução garantida**: os contratos inteligentes são executados automaticamente assim que as condições predefinidas são cumpridas, eliminando os atrasos e as incertezas associadas aos processos manuais.

Um exemplo concreto da aplicação de contratos inteligentes é o domínio dos serviços financeiros. As plataformas financeiras descentralizadas (DeFi) utilizam contratos inteligentes para prestar serviços como a concessão de empréstimos, a contração de empréstimos e a negociação sem intermediários. Estes contratos permitem que os utilizadores interajam diretamente uns com os outros, criando um ecossistema financeiro mais aberto e inclusivo.

Os contratos inteligentes também têm aplicações noutros

sectores, como a gestão da cadeia de abastecimento, onde podem rastrear e verificar automaticamente a proveniência dos produtos, e o imobiliário, onde podem facilitar as transacções imobiliárias automatizando as transferências de títulos.

No entanto, apesar das suas muitas vantagens, os contratos inteligentes também apresentam desafios e limitações. Um dos principais desafios é a complexidade do código e o risco de bugs ou vulnerabilidades.

Os erros no código do contrato inteligente podem ter consequências graves, como demonstrado pelo incidente DAO (Organização Autónoma Descentralizada) em 2016, em que uma falha num contrato inteligente levou à perda de milhões de dólares em Ether.

Além disso, os aspectos legais e regulamentares dos contratos inteligentes continuam a ser pouco claros. O reconhecimento legal destes contratos e a sua conformidade com a legislação em vigor variam de uma jurisdição para outra, o que pode constituir um obstáculo à sua adoção generalizada.

Em conclusão, os contratos inteligentes representam uma inovação transformadora na cadeia de blocos, oferecendo uma automatização fiável e transparente das transacções. O seu potencial de aplicação estende-se a muitos sectores, prometendo uma maior eficiência e segurança dos processos. No entanto, para concretizar plenamente este potencial, é necessário ultrapassar os desafios técnicos e jurídicos que acompanham esta tecnologia emergente.

1.2. ETHEREUM

O Ethereum, lançado em 2015 por Vitalik Buterin, representa um grande avanço nas tecnologias de cadeia de blocos. Ao contrário da Bitcoin, que se concentra principalmente em transacções financeiras, a Ethereum foi concebida como uma plataforma global para o desenvolvimento e execução de contratos inteligentes e aplicações descentralizadas (dApps). Esta versatilidade é possível graças à Máquina Virtual Ethereum (EVM), um ambiente de execução que permite a qualquer pessoa escrever e implementar código executável na cadeia de blocos.

A linguagem de programação da cadeia de blocos do Ethereum, denominada Solidity, é Turing-completa, o que significa que pode efetuar qualquer operação computacional que possa ser realizada com um computador tradicional. Isto permite aos programadores criar contratos inteligentes altamente sofisticados e construir aplicações complexas que funcionam de forma autónoma na rede de cadeias de blocos. Esta capacidade deu origem a uma série de inovações e posicionou a Ethereum como a plataforma de referência para projectos de cadeia de blocos.

Um dos aspectos mais revolucionários do Ethereum é a sua capacidade de suportar organizações autónomas descentralizadas (DAO). As DAO são organizações que funcionam sem gestão centralizada, graças a contratos inteligentes que ditam as regras de funcionamento e tomam decisões com base no consenso dos participantes. Esta estrutura permite criar organizações verdadeiramente descentralizadas, transparentes e resistentes à censura.

Ethereum 2.0

Devido às limitações da versão inicial do Ethereum, particularmente em termos de escalabilidade e eficiência energética, a comunidade Ethereum lançou um ambicioso projeto de atualização conhecido como Ethereum 2.0. Esta atualização visa transformar o Ethereum de um mecanismo de consenso baseado na Prova de Trabalho (PoW) para um mecanismo de Prova de Participação (PoS).

A transição para o Ethereum 2.0 decorre em várias fases:

1. **Fase 0: Beacon Chain -** Lançada em dezembro de 2020, a Beacon Chain é uma nova cadeia de blocos que introduz o mecanismo de consenso PoS. Funciona juntamente com a

blockchain Ethereum existente e estabelece as bases para futuras actualizações.

2. **Fase 1: Cadeias de fragmentos** - Esta fase introduzirá o conceito de fragmentação, que divide a cadeia de blocos em vários segmentos (fragmentos) para aumentar a capacidade de processamento de transacções e melhorar a escalabilidade da rede. Cada shard funciona como uma blockchain independente, mas é protegida pela Beacon Chain.

3. **Fase 1.5: Docking** - Nesta fase, a blockchain Ethereum existente fundir-se-á com a Beacon Chain, transformando completamente a Ethereum numa rede PoS e eliminando a necessidade de PoW.

4. **Fase 2: eWASM** - A fase final visa melhorar ainda mais o desempenho do Ethereum, introduzindo uma nova máquina virtual, a Ethereum WebAssembly (eWASM), que substituirá a EVM e permitirá execuções de contratos inteligentes ainda mais rápidas e eficientes.

> **Casos de utilização Ethereum**

Uma das aplicações mais populares do Ethereum é o financiamento descentralizado (DeFi). As plataformas DeFi utilizam contratos inteligentes para criar serviços financeiros abertos que funcionam sem intermediários. Por exemplo, os utilizadores podem emprestar e pedir emprestado activos digitais, negociar criptomoedas e ganhar juros sobre os seus fundos através de protocolos automatizados. Um dos projectos DeFi mais notáveis é o MakerDAO, que permite a criação da stablecoin DAI, uma criptomoeda cujo valor está indexado ao dólar americano e que é gerada e regulada por contratos inteligentes.

O Ethereum também abriu caminho ao aparecimento de tokens não fungíveis (NFT), activos digitais únicos que podem representar obras de arte, artigos de coleção ou elementos de jogos de vídeo. Os NFT tornaram-se extremamente populares, permitindo aos artistas e criadores vender e proteger o seu trabalho de uma forma descentralizada. O padrão ERC-721 da Ethereum define as regras para os NFTs, garantindo a sua compatibilidade com vários mercados e aplicações.

Outra área de inovação no Ethereum é a identidade digital e a gestão de dados pessoais. Projectos como o uPort permitem aos utilizadores gerir as suas identidades digitais de forma segura e privada, controlando o acesso aos seus dados sem terem de depender de fornecedores de serviços centralizados.

> **Desafios e perspectivas**

Apesar das suas muitas vantagens, o Ethereum enfrenta uma série de desafios. A escalabilidade continua a ser um problema importante, com a rede frequentemente congestionada por elevados volumes de transacções, o que resulta em elevadas taxas de transação. Espera-se que a transição para o Ethereum 2.0 e a introdução do sharding atenuem estes problemas, mas o processo é complexo e levará tempo a concretizar-se plenamente. Além disso, a segurança dos contratos inteligentes é uma área de preocupação constante. Erros de codificação ou vulnerabilidades podem levar a perdas financeiras significativas, como foi o caso do incidente com a DAO. Por conseguinte, é crucial desenvolver as melhores práticas de segurança e ferramentas de verificação formal para os contratos inteligentes.

Em conclusão, o Ethereum transformou o panorama da cadeia de blocos, oferecendo uma plataforma flexível e poderosa para o desenvolvimento de contratos inteligentes e aplicações descentralizadas. A sua evolução contínua com o Ethereum 2.0 e a sua crescente adoção numa série de sectores são a prova do seu potencial a longo prazo para revolucionar muitos aspectos da nossa economia e sociedade.

1.3. TECIDO HYPERLEDGER

O Hyperledger Fabric, desenvolvido pela Linux Foundation em colaboração com a IBM, representa um grande avanço no domínio das cadeias de blocos empresariais. Esta plataforma privada e de código aberto foi concebida para satisfazer as necessidades específicas das empresas que pretendem tirar partido das vantagens da cadeia de blocos, mantendo um controlo total sobre a confidencialidade e a visibilidade das transacções. Ao contrário das cadeias de blocos públicas, como a Bitcoin ou a Ethereum, a Hyperledger Fabric permite a criação de soluções personalizadas adaptadas às necessidades de vários sectores industriais.

Uma das principais vantagens do Hyperledger Fabric é a sua modularidade. A plataforma oferece uma arquitetura flexível que permite aos programadores escolher e configurar vários componentes de acordo com as suas necessidades específicas.

Isto inclui módulos para gestão de identidade, políticas de acesso, mecanismos de consenso e serviços de cadeia de blocos. Esta flexibilidade permite às empresas criar redes de cadeia de blocos que satisfazem os seus requisitos únicos de desempenho, segurança e conformidade.

1.3.1. MECANISMO DE CONSENSO

O Hyperledger Fabric utiliza um mecanismo de consenso sofisticado denominado Practical Byzantine Fault Tolerance (PBFT). Este mecanismo foi concebido para redes distribuídas e permite manter a continuidade das operações mesmo na presença de uma determinada taxa de falhas. O PBFT assegura que todos os participantes na rede chegam a um consenso sobre o estado do livro-razão, garantindo a fiabilidade e a integridade das transacções.

Ao contrário dos mecanismos de prova de trabalho (PoW) utilizados pela Bitcoin, o PBFT é mais eficiente em termos de consumo de energia e velocidade de processamento de transacções, o que o torna particularmente adequado para ambientes empresariais.

1.3.2. CONFIDENCIALIDADE DAS TRANSACÇÕES

Um dos pontos fortes do Hyperledger Fabric é a sua capacidade de gerir a confidencialidade das transacções. As empresas podem configurar as suas transacções para serem públicas ou confidenciais, dependendo da natureza das informações trocadas.

Esta funcionalidade é particularmente importante para sectores que lidam com dados sensíveis, como o financeiro, o da saúde ou o da logística. O Hyperledger Fabric permite definir canais privados, nos quais apenas as partes autorizadas podem aceder a informações específicas, garantindo assim a proteção da propriedade intelectual e o cumprimento das normas de confidencialidade dos dados.

1.3.3. CONTRATOS INTELIGENTES E CHAINCODES

O Hyperledger Fabric suporta contratos inteligentes, chamados chaincodes nesta plataforma. Os chaincodes são programas executados na blockchain que automatizam e protegem os processos comerciais. Eles permitem que regras comerciais complexas sejam definidas e executadas de forma transparente e eficiente.

Os chaincodes podem ser escritos em linguagens de programação comuns, como Go ou Java, o que facilita a sua adoção pelos programadores. Utilizando chaincodes, as empresas podem automatizar processos como a gestão de encomendas, a verificação de pagamentos e o controlo de envios, reduzindo os custos operacionais e minimizando o risco de erro humano.

1.3.4. APLICAÇÕES E CASOS DE UTILIZAÇÃO

O Hyperledger Fabric está a ser utilizado numa variedade de sectores para criar soluções de cadeia de blocos adaptadas às necessidades específicas das empresas. Eis alguns exemplos de casos de utilização:

1. **Gestão da cadeia de abastecimento**: O Hyperledger Fabric permite a criação de redes de cadeias de abastecimento transparentes e seguras. As empresas podem seguir os produtos em todas as fases da cadeia, desde a produção até à entrega, garantindo a autenticidade e a rastreabilidade dos bens. Isto é particularmente útil para sectores como o alimentar, em que a proveniência e a qualidade dos produtos são cruciais.

2. **Finanças e banca**: As instituições financeiras estão a utilizar o Hyperledger Fabric para automatizar os processos de liquidação e compensação, melhorar a transparência e reduzir os custos. A plataforma também pode ser utilizada para criar redes de pagamento interbancárias seguras e eficientes, facilitando as transacções transfronteiriças.

3. **Cuidados de saúde**: No sector dos cuidados de saúde, o Hyperledger Fabric é utilizado para gerir registos médicos electrónicos de forma segura e confidencial. Os pacientes podem autorizar o acesso aos seus registos médicos a

profissionais de saúde específicos, garantindo assim a confidencialidade e a integridade das informações médicas.

4. **Gestão da identidade**: O Hyperledger Fabric permite a criação de sistemas seguros de gestão da identidade digital. As empresas podem verificar a identidade dos utilizadores e controlar o acesso aos recursos de forma descentralizada, reduzindo o risco de fraude e roubo de identidade.

1.3.5. DESAFIOS E PERSPECTIVAS

Apesar dos seus muitos benefícios, o Hyperledger Fabric enfrenta uma série de desafios para conseguir uma adoção mais generalizada. Um dos principais desafios é a complexidade da implementação. A flexibilidade e a modularidade da plataforma exigem conhecimentos técnicos aprofundados para configurar e gerir eficazmente as redes de cadeias de blocos.

Além disso, a gestão da privacidade das transacções e o cumprimento dos regulamentos locais podem representar desafios adicionais para as empresas que operam em várias jurisdições. Além disso, a concorrência com outras plataformas de cadeia de blocos, como a Ethereum e a Corda, coloca desafios em termos de quota de mercado e de inovação contínua.

A Hyperledger Fabric tem de continuar a evoluir e a adaptar-se às necessidades empresariais em constante mudança para manter a sua posição de liderança no espaço da cadeia de blocos empresarial. Em conclusão, o Hyperledger Fabric oferece uma solução poderosa e flexível para as empresas que desejam explorar os benefícios da tecnologia blockchain.

A sua capacidade de gerir transacções confidenciais, automatizar processos empresariais através de chaincodes e proporcionar um ambiente seguro e transparente torna-o uma plataforma ideal para uma vasta gama de aplicações industriais. À medida que a tecnologia continua a desenvolver-se, o Hyperledger Fabric está bem posicionado para desempenhar um papel central na transformação digital das empresas.

1.4. CADEIA DE BLOCOS 3.0

A Blockchain 3.0 marca uma nova etapa na evolução das tecnologias de blockchain, expandindo ainda mais as possibilidades e aplicações desta tecnologia para além das criptomoedas e dos contratos inteligentes. Esta nova geração de cadeias de blocos visa resolver as limitações das versões anteriores em termos de escalabilidade, interoperabilidade, sustentabilidade e governação, explorando simultaneamente novas áreas de aplicação que tocam quase todos os aspectos da atividade humana e industrial.

1.4.1. ESCALABILIDADE E DESEMPENHO

Uma das principais críticas feitas às cadeias de blocos de primeira e segunda geração é a sua falta de escalabilidade. As cadeias de blocos como a Bitcoin e a Ethereum têm tido dificuldade em lidar com grandes volumes de transacções, o que resulta em taxas elevadas e tempos de confirmação lentos. A Blockchain 3.0 apresenta soluções inovadoras para melhorar a escalabilidade e o desempenho da rede. Essas soluções incluem sharding, sidechains e tecnologias de camada 2, como canais de estado e redes Lightning.

➤ **Sharding**: Esta técnica divide a blockchain em segmentos mais pequenos chamados shards, cada um capaz de processar transacções em paralelo. Isto aumenta consideravelmente a capacidade de processamento de transacções sem comprometer a segurança ou a descentralização.

➤ **Sidechains**: As sidechains são cadeias de blocos paralelas que interagem com a cadeia de blocos principal. Permitem descarregar parte do trabalho da cadeia de blocos principal, melhorando assim a eficiência e a velocidade das transacções.

➤ **Tecnologias da** camada 2: As soluções da camada 2, como os canais estatais e as redes Lightning, permitem o processamento de transacções fora da cadeia, reduzindo o congestionamento na cadeia de blocos principal e mantendo a segurança e a integridade das transacções.

1.4.2. INTEROPERABILIDADE

A Blockchain 3.0 também tem como objetivo melhorar a interoperabilidade entre diferentes blockchains. Nas gerações anteriores, cada cadeia de blocos funcionava frequentemente como um silo, incapaz de comunicar ou interagir com outras cadeias de blocos. A nova geração de cadeias de blocos introduz protocolos de interoperabilidade que permitem às cadeias de blocos partilhar dados e activos de forma transparente e segura.

➢ **Protocolo Polkadot**: O Polkadot é um protocolo de interoperabilidade que liga várias cadeias de blocos especializadas numa única metacadeia unificada. Esta estrutura permite que as cadeias de blocos transfiram mensagens e activos entre si de forma segura.

➢ **Cosmos**: O Cosmos é outro projeto destinado a criar uma rede de interoperabilidade de cadeias de blocos, permitindo a interligação de diferentes cadeias de blocos através do protocolo de comunicação entre cadeias de blocos (IBC). O Cosmos tem como objetivo criar uma Internet de cadeias de blocos, onde as cadeias de blocos podem interagir de forma fluida e descentralizada.

1.4.3. SUSTENTABILIDADE E ECOEFICIENCIA

Com a crescente consciencialização dos impactos ambientais, a Blockchain 3.0 está também a centrar-se na sustentabilidade e na eficiência energética. As primeiras gerações de blockchain, particularmente as que utilizavam o mecanismo de prova de trabalho (PoW), foram criticadas pelo seu consumo excessivo de energia. A Blockchain 3.0 explora mecanismos de consenso mais ecológicos, como a Prova de Participação (PoS) e a Prova de Autoridade (PoA).

➢ **Proof of Stake (PoS)**: Este mecanismo de consenso substitui os mineiros por validadores que são escolhidos de acordo com a quantidade de criptomoeda que detêm e estão preparados para "apostar" (colocar em jogo) para validar transacções. Isto reduz consideravelmente o consumo de energia em comparação com a prova de trabalho.

➢ **Prova de autoridade (PoA)**: Neste modelo, os validadores são entidades pré-aprovadas que são responsáveis pela validação das transacções. A prova de autoridade consome menos energia e oferece alta eficiência para redes de blockchain privadas ou consórcios.

1.4.4. Governação descentralizada

A governação é um aspeto crucial da Blockchain 3.0, com o objetivo de proporcionar estruturas de tomada de decisões mais democráticas e descentralizadas. Os mecanismos de governação descentralizada permitem que os participantes na cadeia de blocos votem em actualizações de protocolos, alterações de regras e outras decisões importantes.

- **DAOs (Organizações Autónomas Descentralizadas)**: As DAOs são organizações geridas por contratos inteligentes em que as decisões são tomadas pelos membros de forma descentralizada. As DAO podem gerir fundos, votar em propostas e funcionar sem intervenção humana direta, garantindo maior transparência e responsabilidade.

- Tezos: Tezos é uma blockchain auto-alterável que permite aos detentores de tokens propor e votar alterações ao protocolo, proporcionando uma governação contínua e escalável da rede.

1.4.5. Aplicações emergentes e casos de utilização

A Blockchain 3.0 explora uma vasta gama de novas aplicações para além dos domínios financeiros e tecnológicos tradicionais.

Estas aplicações abrangem sectores como os cuidados de saúde, a energia, a gestão de recursos naturais e muitos outros.

➢ **Cuidados de saúde**: As cadeias de blocos podem ser utilizadas para gerir registos médicos electrónicos, garantir a rastreabilidade dos medicamentos e facilitar os ensaios clínicos de uma forma segura e transparente.

➢ **Energia**: As soluções de cadeias de blocos podem ser utilizadas para gerir redes descentralizadas de distribuição de energia, facilitar o comércio de energia entre pares e acompanhar os certificados de energia renovável.

➢ **Gestão dos recursos naturais**: As cadeias de blocos podem ajudar a rastrear e verificar a origem e a cadeia de abastecimento dos recursos naturais, como os minerais e os produtos agrícolas, garantindo uma gestão sustentável e ética.

1.4.6. DESAFIOS E PERSPECTIVAS

A cadeia de blocos 3.0, apesar de toda a sua inovação e promessa, ainda enfrenta uma série de desafios para conseguir uma adoção generalizada. A complexidade tecnológica e a necessidade de normas comuns de interoperabilidade e governação colocam obstáculos significativos.

Além disso, a regulamentação continua a ser uma área crucial a abordar, uma vez que as jurisdições de todo o mundo procuram equilibrar a inovação com a proteção dos consumidores e a segurança financeira.

A Blockchain 3.0 representa uma evolução ambiciosa da tecnologia blockchain, procurando ultrapassar as limitações das versões anteriores e alargar o seu impacto a diversos sectores. Ao resolver os desafios da escalabilidade, interoperabilidade, sustentabilidade e governação, a Blockchain 3.0 está bem posicionada para desempenhar um papel central na transformação digital da sociedade e da economia global.

CONCLUSÃO

O segundo capítulo deste estudo explorou em profundidade as inovações e os avanços que marcaram a evolução da tecnologia de cadeias de blocos, centrando-se particularmente nos contratos inteligentes, no Ethereum e no Hyperledger Fabric. Cada um destes componentes contribuiu significativamente para a expansão das aplicações e a maturação da cadeia de blocos, abrindo caminho a uma série de novas possibilidades. Os contratos inteligentes revolucionaram a forma como as transacções e os acordos são executados, oferecendo uma automatização fiável e uma maior segurança. A sua capacidade de auto-execução e descentralização eliminou a necessidade de terceiros de confiança, reduzindo os custos e o risco de erro humano.

Os contratos inteligentes tornaram-se uma pedra angular da Blockchain 2.0, permitindo aplicações em diversos domínios, como as finanças descentralizadas, a gestão da cadeia de abastecimento e os serviços de saúde. O Ethereum, com a sua linguagem de programação completa e a sua máquina virtual (EVM), permitiu aos programadores criar aplicações descentralizadas sofisticadas. A transição para o Ethereum 2.0 promete resolver problemas de escalabilidade e eficiência energética, reforçando ainda mais a sua posição de liderança no ecossistema da cadeia de blocos. As inovações introduzidas pelo Ethereum deram origem a numerosos projectos e estimularam a inovação em todo o sector. O Hyperledger Fabric, entretanto, ofereceu uma solução robusta para as empresas que procuram explorar a cadeia de blocos sem os constrangimentos das criptomoedas públicas. A sua modularidade, o mecanismo de consenso PBFT e a capacidade de gerir a confidencialidade das transacções fizeram do Hyperledger Fabric uma plataforma de eleição para redes empresariais. Casos de utilização em finanças, cuidados de saúde e gestão da cadeia de abastecimento demonstram o seu potencial para transformar as operações comerciais. Por último, a Blockchain 3.0, com as suas melhorias em termos de escalabilidade, interoperabilidade, sustentabilidade e governação, promete ultrapassar as limitações das gerações anteriores.

Novas aplicações numa variedade de sectores mostram que a cadeia de blocos é muito mais do que apenas tecnologia de criptomoeda e tem o potencial de revolucionar muitos aspectos da nossa economia e sociedade. Em suma, este capítulo destacou como as inovações em contratos inteligentes, Ethereum e Hyperledger Fabric lançaram as bases para uma nova era na tecnologia de blockchain. Estes avanços continuam a alargar os limites do possível, abrindo caminho para um futuro em que a cadeia de blocos desempenha um papel central na transformação digital global. Ainda há muitos desafios pela frente, mas as perspectivas oferecidas pela Blockchain 3.0 sugerem um imenso potencial para aplicações ainda mais variadas e impactantes.

CAPÍTULO 3

"O modus operandi da Blockchain".

A Blockchain, embora ainda em fase inicial de desenvolvimento, tornou-se rapidamente uma das tecnologias mais promissoras e férteis para a próxima geração de sistemas interactivos baseados na Web, nomeadamente através da aplicação de contratos inteligentes (Kosba et al., 2016). As principais caraterísticas da Blockchain são a descentralização, a transparência e a segurança (Nofer et al., 2017). Esta tecnologia é composta por três elementos principais: uma cadeia de blocos baseada na marcação de tempo, um mecanismo de armazenamento distribuído baseado numa rede peer-to-peer e um mecanismo de consenso que envolve nós distribuídos.

A cadeia de blocos resolveu dois problemas bem conhecidos da informática e da matemática: o problema dos generais bizantinos, em que vários nós colaboram para chegar a um consenso sem necessidade de confiar uns nos outros, e o problema da dupla despesa, em que um objeto digital, como uma moeda eletrónica ou uma canção, não pode ser copiado e utilizado várias vezes (Zyskind et al., 2015). Estas soluções abriram caminho a novas aplicações e a uma maior adoção da cadeia de blocos em diversos domínios.

A estrutura da cadeia de blocos baseia-se numa série de blocos ligados sequencialmente, cada um contendo numerosas transacções validadas. Esta arquitetura assegura que cada nova informação adicionada está ligada à informação anterior por valores hash, garantindo assim a integridade e a imutabilidade dos dados.

A Blockchain utiliza algoritmos de consenso para validar e adicionar novos blocos, como a prova de trabalho (PoW) e a prova de participação (PoS), cada um com as suas próprias vantagens e desvantagens. A tecnologia Blockchain distingue-se pela sua capacidade de funcionar num ambiente descentralizado, eliminando a necessidade de terceiros de confiança e permitindo transacções peer-to-peer seguras.

As redes peer-to-peer (P2P) são fundamentais para o funcionamento da cadeia de blocos, permitindo que cada nó participe na validação e propagação das transacções, reforçando assim a resiliência e a segurança da rede.

Figura 3: A história da cadeia de blocos

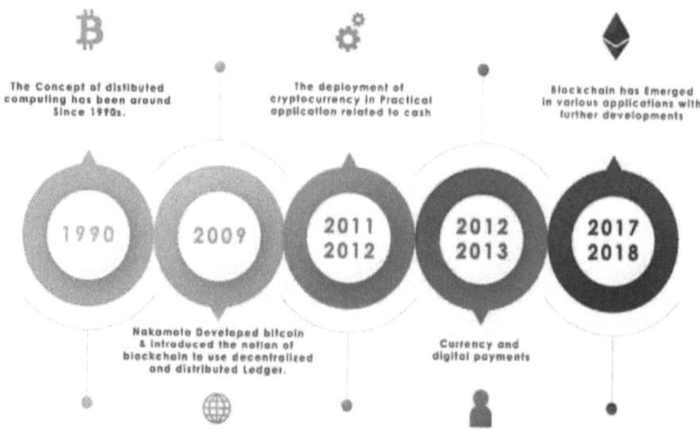

Fonte: CryptoApe.com

A criptografia também desempenha um papel crucial na segurança dos dados e das transacções na cadeia de blocos. A criptografia assimétrica, em particular, permite gerir identidades e garantir a integridade das transacções através da utilização de pares de chaves públicas e privadas. Este método garante que apenas as partes autorizadas podem aceder e manipular as informações armazenadas na cadeia de blocos.

Os algoritmos de consenso são também essenciais para manter a coerência e a segurança da rede. A prova de trabalho, embora eficaz para garantir a segurança, é criticada pelo seu elevado consumo de energia. A prova de participação e outros algoritmos, como o PBFT (Practical Byzantine Fault Tolerance), oferecem alternativas mais eco-eficientes, adequadas a diferentes tipos de cadeias de blocos, públicas ou privadas. Este capítulo explora em profundidade o funcionamento interno da

Blockchain, examinando as suas estruturas fundamentais, os seus mecanismos de consenso e as tecnologias criptográficas que garantem a sua segurança e eficiência.

Destaca a forma como estes elementos interagem para criar um sistema robusto e descentralizado capaz de transformar não só o sector financeiro, mas também uma série de outras indústrias.

Figura 4: As caraterísticas essenciais da cadeia de blocos

(Fonte: eu próprio)

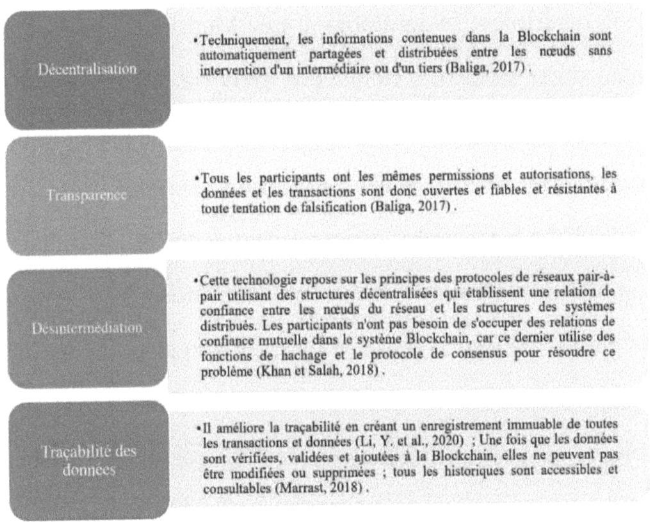

3.1. A ESTRUTURA DA CADEIA DE BLOCOS

A estrutura da Blockchain é fundamental para compreender o

seu funcionamento e as suas capacidades revolucionárias. Basicamente, a Blockchain é uma série de blocos ligados sequencialmente, cada um contendo um conjunto de transacções validadas. Esta arquitetura inovadora garante não só a integridade e imutabilidade dos dados, mas também uma maior transparência e segurança graças à sua natureza descentralizada. Um bloco de uma cadeia de blocos contém vários componentes essenciais, incluindo um cabeçalho de bloco e uma lista de transacções.

O cabeçalho do bloco inclui elementos como o hash do bloco anterior, o carimbo de data/hora, a raiz Merkle das transacções, a versão do protocolo, o nonce e o nível de dificuldade. Estes elementos trabalham em conjunto para garantir que cada bloco está criptograficamente ligado ao anterior, formando uma cadeia inalterável. As transacções estão no centro da cadeia de blocos, representando trocas de valor ou de informação entre os participantes na rede. Cada transação é registada de forma segura e verificada pelos nós da rede antes de ser adicionada a um bloco. Esta verificação é possível graças a algoritmos de consenso, como a prova de trabalho (PoW) ou a prova de participação (PoS), que garantem que apenas as transacções válidas são incluídas na cadeia de blocos. Os tokens, frequentemente utilizados para representar activos digitais, também desempenham um papel crucial nas transacções da cadeia de blocos. Podem ser trocados, divididos e transferidos entre participantes na rede, facilitando uma vasta gama de aplicações, desde criptomoedas a tokens não fungíveis (NFT).

A natureza descentralizada da Blockchain é assegurada pela sua arquitetura peer-to-peer (P2P), em que cada nó da rede participa na validação e propagação das transacções. Esta descentralização elimina os pontos únicos de falha e melhora a resiliência e a segurança da rede. As redes P2P podem ser estruturadas, não estruturadas ou híbridas, cada uma oferecendo diferentes vantagens em termos de desempenho e robustez.

A criptografia desempenha um papel vital na proteção de dados na cadeia de blocos. A criptografia assimétrica, que utiliza pares de chaves públicas e privadas, garante que as transacções são autênticas e que os dados estão protegidos contra o acesso não autorizado. Este método garante que apenas as partes autorizadas podem aceder a informações sensíveis, permitindo simultaneamente que as transacções sejam verificadas de forma rápida e fácil.

A estrutura da cadeia de blocos combina de forma engenhosa

elementos de criptografia, consenso distribuído e descentralização para criar um sistema seguro, transparente e resiliente. Compreender estes componentes e a forma como interagem é essencial para compreender plenamente o potencial e as aplicações desta tecnologia transformadora.

3.1.1. BLOQUEIO

[34]Como já foi referido, o fenómeno-chave por detrás do nome Blockchain é a série de blocos, que se ligam uns aos outros sequencialmente, como uma cadeia em que cada bloco contém muitas transacções, que são validadas de acordo com (Antonopoulos, 2014) . A figura abaixo descreve um exemplo de uma cadeia de blocos em que apenas são descritas algumas entidades principais no cabeçalho do bloco

Figura 5: Exemplo de uma cadeia de blocos

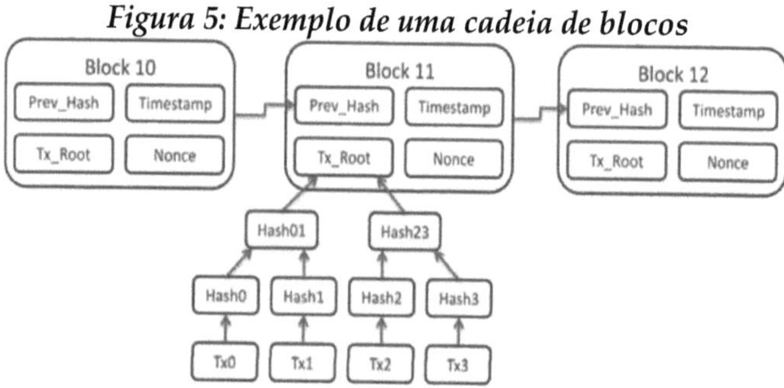

Fonte : BitConsiel.com

Mais especificamente, *a figura 5* descreve a arquitetura de um bloco. Para além da lista de transacções contidas no bloco, o bloco contém determinados campos no cabeçalho do bloco:

✓ Prev_Hash: este campo pode ser visto como uma referência aos pais, ou seja, uma ligação entre um bloco e o bloco anterior na cadeia. Toda a informação contida no bloco anterior é introduzida numa função hash para obter um valor, e este valor é então atribuído ao campo Prev_Hash no novo bloco. No Bitcoin, uma função hash de 256 bits é usada para obter esse valor.

✓ Carimbo de data/hora: a hora em que o bloco foi encontrado.

✓ Tx_Root: este campo, também conhecido como raiz de Merkle, contém o valor de hash de todas as transacções confirmadas no bloco. Como mostra o exemplo da *Figura 5*, todas as transacções são transformadas num valor de hash; em seguida, são combinadas par a par e introduzidas noutra função de hash. Este trabalho repete-se até restar apenas uma entidade, que representa a raiz de Merkle.

✓ Versão: este campo contém a versão do protocolo utilizado pelo nó que propõe o bloco na cadeia.

✓ Nonce: este campo é utilizado como parte do PoW, que prova o esforço que um nó fez para obter o direito de adicionar o seu bloco à cadeia. Este campo será apresentado na próxima secção.

✓ Bits: este campo indica o nível de dificuldade do PoW, que
será apresentado na secção seguinte.

Figura 6: *Os componentes de um bloco numa cadeia de blocos*

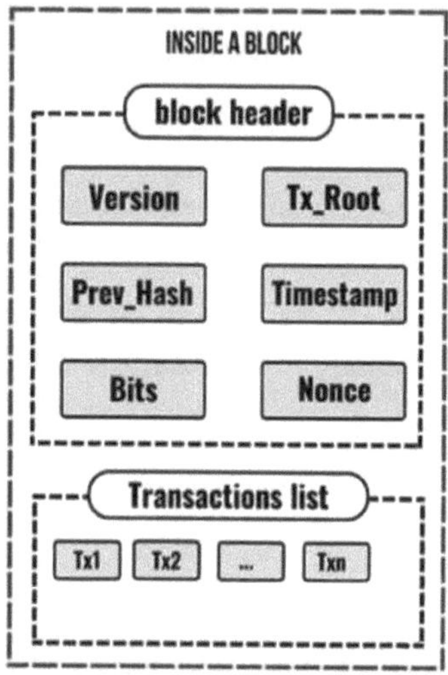

Fonte : Yhuanlan.com

O bloco é o elemento básico para o correto funcionamento de
uma cadeia de blocos, porque os dados são armazenados em
forma de bloco.

Os dados são representados numa cadeia de blocos através do que é conhecido como uma transação. Uma transação consiste em n entradas e y saídas. n e y são números inteiros positivos.

Isto significa que uma transação não pode ser concluída a meio. Uma transação contém o endereço do destinatário. Um Token é utilizado como unidade numa transação. A validação de uma transação envolve um custo operacional, conhecido como Gás.

Figura 7: Os componentes de uma transação

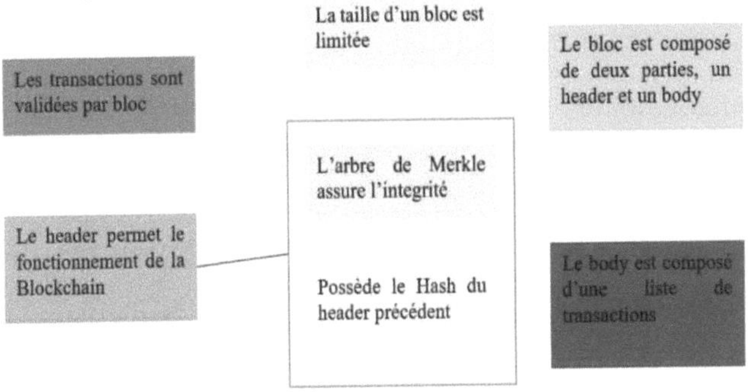

3.1.3. FICHA

Os tokens, no contexto da cadeia de blocos, podem ser definidos em termos de vários atributos fundamentais. Em primeiro lugar, a transferibilidade de um Token representa a sua capacidade de ser trocado entre diferentes proprietários, o que é essencial para os Tokens que representam activos digitais, como as moedas.

Em segundo lugar, a subdivisibilidade de um token indica se este pode ser dividido em unidades mais pequenas, permitindo uma maior granularidade nas transacções. Por exemplo, a moeda digital pode ser dividida em fracções mais pequenas para facilitar as transacções de baixo valor.

Ao mesmo tempo, a caraterística de singleton atribuída a certos Tokens implica que existe apenas uma instância desse Token, o que pode ser o caso de objectos únicos, como obras de arte digitais. Além disso, a capacidade de cunhagem de um Token refere-se à sua capacidade de emitir novas unidades, frequentemente efectuada por mineiros no caso das criptomoedas.

Além disso, a funcionalidade de suporte de funções permite atribuir funções específicas aos tokens, a fim de regular o acesso e as permissões numa rede de cadeia de blocos, ajudando assim a reforçar a segurança e a governação. Por último, a capacidade de combustão de um token representa a possibilidade de o remover permanentemente da cadeia de blocos, o que pode ser aplicado a activos esgotáveis, como combustíveis ou licenças de utilizador. Estes atributos definem os diferentes tipos de Token na cadeia de blocos, oferecendo vários mecanismos de gestão, transação e controlo de activos digitais.

3.1.4. O CICLO DE VIDA DE UMA TRANSAÇÃO

Figura 8: O ciclo de vida de uma transação

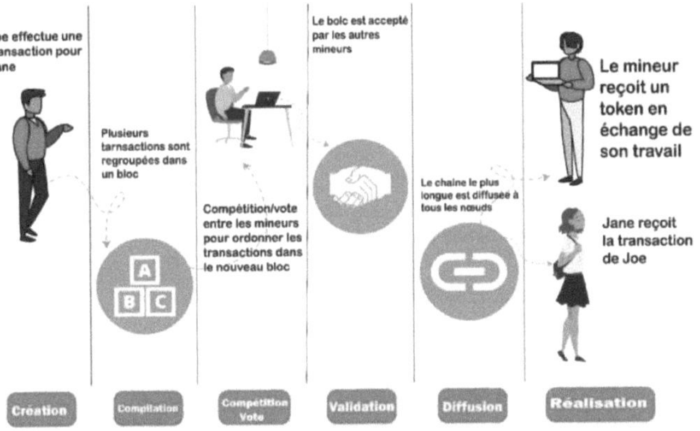

Durante o ciclo de vida de uma transação numa cadeia de blocos, tudo começa com a sua criação. Por exemplo, Joe faz uma transação a favor de Jane. Várias transacções são então compiladas e agrupadas num bloco. Este bloco deve então passar por um processo de consenso, em que os nós da rede competem ou votam para validar o bloco. Uma vez validado pela comunidade, o bloco é distribuído a todos os nós da rede, garantindo que a informação é propagada uniformemente. Finalmente, a transação é concluída quando Jane recebe os fundos e o proprietário do bloco validado é recompensado, de acordo com as regras específicas da cadeia de blocos utilizada. Este processo garante a segurança e a fiabilidade das transacções efectuadas na cadeia de blocos.

3.2. A REDE PONTO-A-PONTO

Antes de mais, é necessário definir as diferentes formas possíveis de organizar uma rede. Veremos, portanto, o que significa a terminologia "centralizada, descentralizada, distribuída" que encontramos frequentemente.

Figura 9: Diferentes arquitecturas de rede

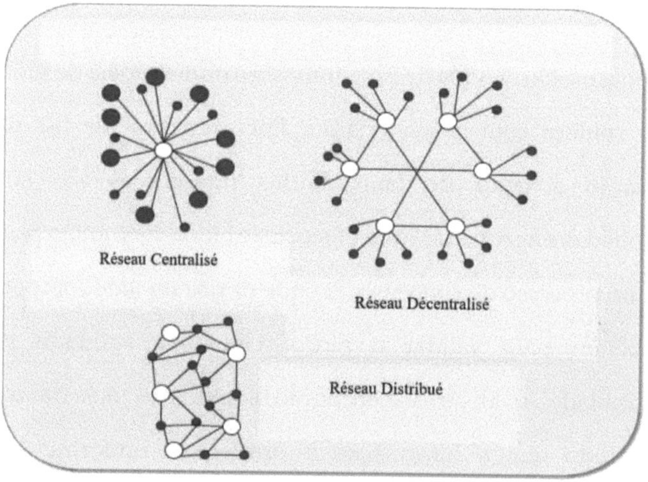

3.2.1. REDE CENTRAL

Numa rede centralizada, as várias estações (utilizadores) estão ligadas a um único servidor. De um ponto de vista técnico, esta é a rede mais simples de construir, mas apresenta uma série de riscos, incluindo o de ser um ponto único de falha (SPF).

Se um único ponto central falhar ou não funcionar corretamente, todo o serviço é afetado. Além disso, se muitos utilizadores tentarem aceder a este ponto central, este pode ficar rapidamente saturado. Além disso, como já foi referido, este sistema está mais exposto a ataques informáticos, uma vez que se baseia numa única versão dos dados, o que dificulta a deteção de modificações maliciosas.

De seguida, analisamos as redes distribuídas e descentralizadas. A principal diferença reside na forma como é tomada a decisão de acrescentar novos dados e na forma como a informação é partilhada entre os nós de controlo do sistema.

3.2.2. A RESEAU DISTRIBUI

Aqui, um utilizador liga-se a um servidor fornecendo os seus dados de início de sessão. Se as informações estiverem corretas, a ligação é autorizada. Neste modo cliente-servidor, os papéis são fixos - o cliente nunca será um repositório de informação e terá sempre de a adquirir ao servidor.

Distribuído significa que o processamento é partilhado entre
vários nós, mas as decisões continuam a poder ser tomadas de
forma centralizada, utilizando dados de todos os nós do sistema.
Este tipo de sistema permite distribuir operações informáticas
demasiado pesadas para um único nó da rede. No entanto, após
um tratamento parcial mas complementar por cada um dos nós,
uma autoridade central toma uma decisão.

3.2.3. *REDE DESCENTRALIZADA*

Os sistemas descentralizados são também conhecidos como
computação distribuída e bases de dados distribuídas;
componentes independentes que interagem com outras
máquinas diferentes que trocam mensagens para atingir
objectivos comuns.

Como tal, o sistema distribuído aparece ao utilizador final como
uma interface ou um computador. Em conjunto, o sistema pode
maximizar os recursos e a informação, evitando falhas no
sistema e não afectando a disponibilidade do serviço.

3.2.4. *PEER-TO-PEER*

O peer-to-peer é uma forma de ligar nós de computador entre si,
permitindo a criação de uma rede descentralizada. De um modo

geral, a Internet é utilizada num ambiente cliente-servidor (sistema centralizado). Por outras palavras, um cliente faz um pedido, envia-o para um servidor que o recebe e processa antes de enviar uma resposta ao cliente.

[36]No final dos anos 90 (Schmandt, C. et al., 1991), surgiu um novo tipo de organização entre os diferentes nós: as redes peer-to-peer. Em vez de dependerem de um servidor central ao qual vários utilizadores se ligam para fazer pedidos, os utilizadores estão diretamente ligados uns aos outros, sem intermediário.

Numa rede peer-to-peer, cada nó desempenha o papel de cliente e servidor, desafiando inerentemente a base do ambiente cliente-servidor. Aqui, cada nó é capaz de submeter pedidos a outros nós, ao mesmo tempo que processa pedidos de outros nós.

Para fazer uma analogia, a rede peer-to-peer pode ser comparada a uma discussão entre cientistas, em que cada participante pode responder às perguntas dos seus colegas e fazer perguntas a si próprio (Cao, S. et al., 2020).

Este tipo de rede foi popularizado pelo grande público, graças, nomeadamente, às redes de partilha de ficheiros entre indivíduos. Esta forma específica de ligação em rede, que não depende de um único nó, está no centro da tecnologia blockchain. A arquitetura P2P é adequada para uma variedade de casos de utilização e pode ser classificada em redes peer-to-peer estruturadas, não estruturadas e híbridas.

As redes peer-to-peer não estruturadas são formadas por nós que se ligam uns aos outros de forma aleatória, mas são menos eficientes do que as redes estruturadas. Nos sistemas peer-to-peer estruturados, os nós estão organizados e cada nó pode procurar eficazmente na rede os dados de que necessita.

Os modelos híbridos são, de facto, uma combinação de modelos P2P e cliente-servidor e, quando comparados com sistemas P2P estruturados e não estruturados, estas redes tendem a ter um melhor desempenho global.

É importante notar que a tecnologia blockchain explora os princípios da rede peer-to-peer para criar um sistema descentralizado e seguro, em que cada nó participa na validação e no armazenamento de dados. Esta abordagem oferece inúmeras vantagens em termos de resiliência, transparência e segurança da informação.

3.3. CONCEITOS CRIPTOGRAFICOS

A criptografia é um domínio científico que tem por objetivo garantir a segurança das mensagens. Esta disciplina, cujas origens remontam a uma época muito anterior à era dos computadores, registou uma evolução significativa com o advento da informática moderna. A criptografia desempenha um papel essencial na proteção das informações confidenciais e das comunicações electrónicas.

Baseia-se em algoritmos matemáticos avançados que cifram os dados de modo a que não possam ser lidos ou compreendidos por pessoas não autorizadas. A criptografia assegura igualmente a autenticidade e a integridade dos dados, permitindo verificar a origem e a integridade das mensagens trocadas.

3.3.1. *CRIPTOGRAFIA SIMETRICA*

A criptografia simétrica implica a criação de uma chave única de encriptação e de desencriptação que o remetente e o destinatário da mensagem devem partilhar com o máximo sigilo. A mesma chave é utilizada para codificar a mensagem, tornando-a ilegível para todos, e para a descodificar.

Qualquer pessoa na posse desta chave pode, portanto, desencriptar uma mensagem e ler a comunicação em texto claro, como mostra a *Figura 10.* Se A quiser enviar uma mensagem simples a B, devem ter uma chave de encriptação única, que ambos devem manter secreta para evitar que agentes maliciosos a espiem. Se a mensagem "Estou pronto" for convertida em texto cifrado por A utilizando um algoritmo de substituição específico, B precisa de conhecer a alteração de substituição para decifrar o texto cifrado quando este lhe chegar. Em resumo, todo o processo funciona da seguinte forma:

Passo 1: A e B decidem qual a chave comum a utilizar.

Passo 2: A envia a chave de encriptação secreta para B ou vice-versa.

Passo 3: A utiliza a chave privada para encriptar a mensagem original.

Passo 4: Envio da mensagem encriptada à Joana.

Passo 5: B utiliza a chave secreta para decifrar a mensagem que já recebeu.

Figura 10: Encriptação simétrica

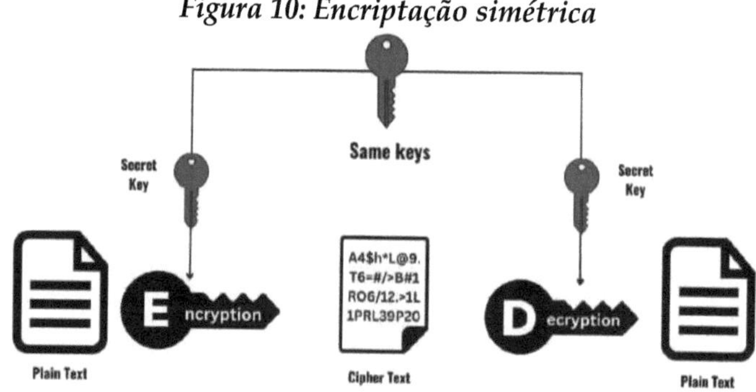

Fonte: produzido pelo autor

Seguindo o processo acima descrito, A e B comunicam de forma privada, sem receio de que alguém os espreite pelo caminho. Uma vez que são os únicos a possuir a chave secreta necessária para cifrar e decifrar a mensagem, nenhum terceiro suscetível de intercetar a mensagem cifrada pode ter acesso a ela. A segurança da criptografia simétrica assenta essencialmente na troca da chave secreta entre as duas partes que comunicam (N. A. Advani et al., 2019).

Isto torna difícil que dois indivíduos distantes cheguem a acordo sobre a chave a utilizar, uma vez que esta poderia ser intercetada durante a transmissão. Um exemplo comum de criptografia simétrica é o "código de César", utilizado por Júlio César para a sua correspondência secreta.

Este código consiste em deslocar cada letra da mensagem num determinado número de posições. Por exemplo, com um deslocamento de 3, a letra "a" torna-se "d", a letra "b" torna-se "e", e assim por diante.

Esta encriptação rudimentar era suficiente na altura, dado o nível de literacia da população. O código de César é um exemplo típico de criptografia simétrica, também conhecida como criptografia de chave secreta. Trata-se de uma cifra mono-alfabética, em que uma letra cifrada dará sempre a mesma letra e vice-versa.

Existem métodos de cifragem simétrica mais avançados, conhecidos como cifragem polialfabética, em que a cifragem de uma letra pode variar consoante a sua posição na mensagem, por exemplo. A famosa máquina Enigma, utilizada durante a Segunda Guerra Mundial, é um exemplo de encriptação polialfabética simétrica.

A criptografia simétrica é utilizada para encriptar uma mensagem utilizando uma chave. Depois de a mensagem ter sido encriptada, a mesma chave é utilizada para a desencriptar e torná-la novamente legível.

É de notar que a criptografia simétrica tem vantagens e limitações. Embora seja rápida e eficiente para a cifragem e a decifragem, coloca o desafio de distribuir com segurança a chave entre as partes comunicantes.

Além disso, se a chave secreta for comprometida, todas as mensagens cifradas com essa chave também serão comprometidas. É por esta razão que foram desenvolvidas outras formas de criptografia, como a criptografia assimétrica, para resolver estes problemas de segurança. Como consultor especializado, recomendo que se avaliem cuidadosamente as necessidades e os condicionalismos específicos antes de escolher o método criptográfico mais adequado a cada situação.

3.3.2. *CRIPTOGRAFIA ASSIMETRICA*

Este ramo da criptografia é muito mais recente, tendo surgido na década de 1970 com o advento da computação moderna. A criptografia assimétrica tem diferenças fundamentais em relação à criptografia simétrica, uma vez que se baseia na utilização de duas chaves em vez de uma (Maqsood, F., et al., 2017).

A criptografia assimétrica permite não só encriptar mensagens, mas também assiná-las de forma segura. Esta abordagem é possível graças à utilização de funções unidireccionais e backdoor, também conhecidas como cifras secretas. A criptografia assimétrica baseia-se em pares de chaves, que incluem uma chave pública e uma chave privada. A chave pública é acessível a todos e pode ser utilizada por qualquer pessoa para encriptar uma mensagem destinada ao seu detentor. A chave privada, por outro lado, é mantida em segredo e utilizada exclusivamente pelo destinatário para decifrar mensagens cifradas com a chave pública correspondente. A criptografia assimétrica também permite que as mensagens sejam assinadas digitalmente. Isto garante a autenticidade e a integridade. Esta é gerada utilizando a chave privada do signatário e pode ser verificada utilizando a chave pública correspondente do signatário. As funções unidireccionais, também conhecidas como funções de hash, desempenham um papel essencial na criptografia assimétrica. Geram um hash único e fixo para cada mensagem, independentemente do seu tamanho. Esta impressão digital, também conhecida como hash, pode ser utilizada para verificar a integridade dos dados e detetar quaisquer alterações.

As funções têm duas caraterísticas principais:

✓ Em primeiro lugar, são unidireccionais, o que significa que é muito fácil calcular a função para passar de x para f(x). No entanto, é extremamente complicado regressar ao valor x conhecendo f(x), dependendo do comprimento da chave utilizada. Atualmente, a norma mínima para o comprimento da chave utilizada em criptografia assimétrica é de 1024 bits. Se o cálculo de f(x) a partir de x demora menos de um segundo, com uma chave deste comprimento, regressar a x demoraria cerca de 1500 anos num computador de secretária normal.

✓ A segunda propriedade destas funções é o facto de terem uma porta traseira ou chave secreta. Assim, para um determinado valor específico da chave utilizada, o tempo necessário para passar de f(x) para x torna-se insignificante (da ordem de um segundo).

A chave utilizada para encriptar a mensagem é designada por chave pública, enquanto a segunda chave utilizada para explorar a backdoor é designada por chave privada.

Figura 11: Encriptação assimétrica

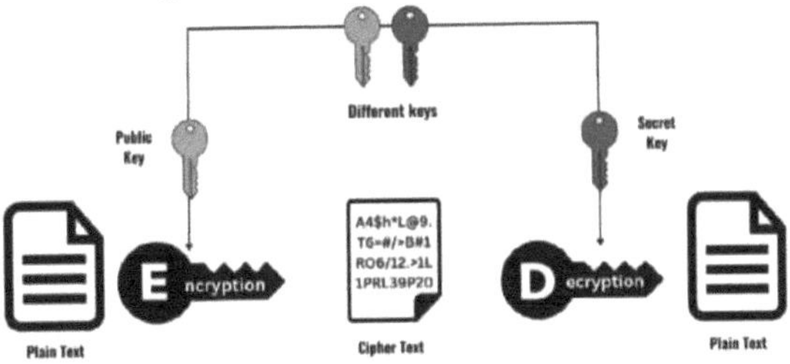

Fonte: produzido pelo autor

Outra aplicação da encriptação é a utilização da criptografia assimétrica para assinar eletronicamente uma mensagem. Pode utilizar a sua chave privada num hash de uma mensagem. O correspondente pode então utilizar a chave pública para verificar se o autor da mensagem é a pessoa que possui a chave privada. Isto também permite verificar se a mensagem não foi alterada entre a transmissão e a receção.

Figura 12: Troca de mensagens entre Alice e Bob intercetada por Eve

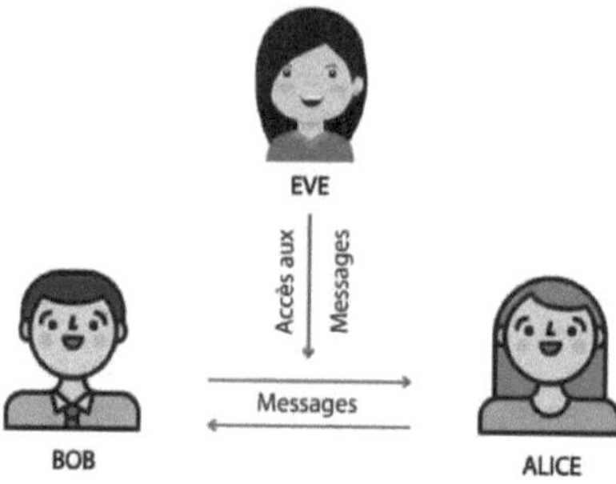

Fonte: produzido pelo autor

3.3.3. *CRIPTOGRAFIA ASSIMETRICA: ENCRIPTAÇÃO/DESENCRIPTAÇÃO DE*

MENSAGENS

Como é que estas funções unidireccionais e backdoor são utilizadas para encriptar mensagens? Tomemos o exemplo de B (Bob) e A (Alice) que desejam trocar mensagens de forma segura na presença de um espião, C (Eva), que gostaria de conhecer o conteúdo das mensagens trocadas. Vamos supor que C é capaz de ler todas as mensagens trocadas entre B e A.

Na criptografia assimétrica, cada pessoa tem uma chave privada, mostrada a vermelho, e uma chave pública, mostrada a verde. Como o nome sugere, a chave privada nunca deve ser divulgada, enquanto a chave pública pode ser distribuída livremente a qualquer pessoa.

B e A guardam as suas chaves privadas para si próprios, mas trocam as suas chaves públicas, que Eve consegue intercetar. A quer enviar uma mensagem "Olá" a B. Vai encriptá-la utilizando a chave pública de B, que recebeu durante a troca de chaves. A encriptação com esta chave pública é uma função unidirecional.

Por outras palavras, A poderá cifrar a mensagem com a chave pública de B num espaço de tempo muito curto, mas será impossível (dentro de um prazo razoável) rastrear a mensagem até ao original, a menos que A tenha a chave privada associada na posse de B.

Figura 13: *Cada utilizador tem duas chaves*

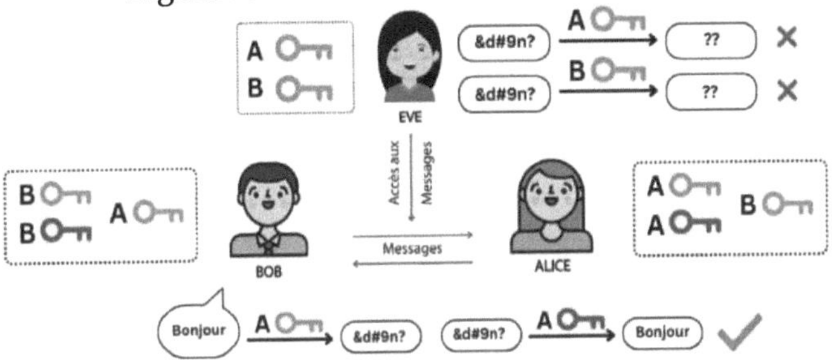

Fonte: produzido pelo autor

Figura 14: Encriptação da mensagem por Bob que só Alice pode ler

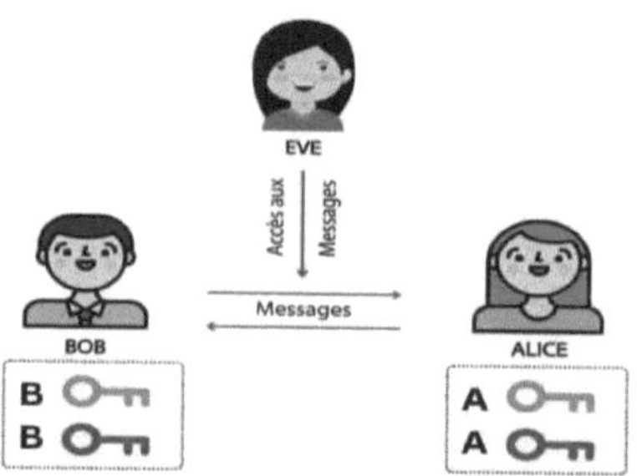

Fonte: produzido pelo autor

Por outro lado, as chaves públicas de B e A não têm qualquer utilidade para C, que não pode recuperar as mensagens originais. Assim, vemos que C está a intercetar uma mensagem que não consegue decifrar. Apenas B, com a sua chave privada, actuando como cifra secreta, poderá decifrar a mensagem muito rapidamente, como se pode ver na Figura 14. Por outro lado, se B quiser enviar uma mensagem a A, basta cifrá-la utilizando a chave pública de A.

Só A, com a sua chave privada associada, poderá decifrá-la. C poderá intercetar a mensagem cifrada, mas não a poderá interpretar. Para garantir a autenticidade do remetente, a mensagem é primeiro encriptada utilizando a chave pública de B. Esta mensagem encriptada é depois duplicada. A primeira cópia é enviada diretamente para B.

A outra cópia passa por uma função de hash e é depois encriptada utilizando a chave privada de A antes de ser enviada para B. B começa por fazer o hash da primeira mensagem recebida utilizando a mesma função de hash de A para obter uma impressão digital. De seguida, B executa a segunda mensagem recebida através da chave pública de A. Se as duas coincidirem, B tem a certeza de que a mensagem veio de A.

3.3.4. CRIPTOGRAFIA ASSIMETRICA: VERIFICAÇÃO DO AUTOR E INTEGRIDADE DA MENSAGEM

Esta tecnologia também pode ser utilizada para verificar a autenticidade e a origem de uma mensagem. Para tal, A escreve, como anteriormente, a sua mensagem e depois cifra-a utilizando a chave pública de B.

Em seguida, passa a mensagem encriptada por um algoritmo de hash para obter a sua impressão digital. Por fim, encripta esta impressão digital, desta vez com a sua chave privada. De seguida, envia as duas mensagens para B.

Neste exemplo, B pretende verificar se a mensagem foi efetivamente enviada por A e se não foi modificada desde o seu envio. Para tal, calculará o hash da mensagem encriptada. Utiliza também a chave pública de A na segunda mensagem que A encriptou com a sua chave privada. Se os dois resultados forem iguais, isso significa duas coisas:

✓ A mensagem foi enviada por alguém que tem a chave privada de A (pelo que a é normalmente a única pessoa que a tem).

✓ A mensagem não foi alterada entre a transmissão e a receção (recorde-se que a mais pequena modificação de um ficheiro resulta numa modificação total da sua impressão digital).

Quadro 1: *Diferenças entre encriptação simétrica e assimétrica*

Diferenças entre chaves	Encriptação simétrica	Encriptação assimétrica
Tamanho do texto cifrado	O texto cifrado é mais pequeno do que o ficheiro de texto simples original.	O texto cifrado é maior do que o ficheiro de texto simples original.
Chave de encriptação	Partilhado entre as partes comunicantes	Duas chaves distintas: chave pública e chave privada
Utilização dos recursos	A encriptação de chave simétrica funciona com base na utilização reduzida de recursos.	A encriptação assimétrica consome muitos recursos.
Comprimento da chave	Tamanho da chave de 128 ou 256 bits.	Chave RSA de 2048 bits ou mais.
Segurança	Menos seguro porque só é utilizada uma chave para a encriptação.	Muito mais seguro porque estão envolvidas duas chaves na encriptação e desencriptação.
Número de teclas	A encriptação simétrica utiliza uma única chave tanto para a encriptação como para a desencriptação.	A encriptação assimétrica utiliza duas chaves para a encriptação e a desencriptação
Confidencialidade	Uma única chave para encriptação e desencriptação apresenta riscos de comprometimento da chave.	São criadas duas chaves separadamente para encriptação e desencriptação, eliminando a necessidade de partilhar uma chave.

Velocidade	A encriptação simétrica é uma técnica rápida	A encriptação assimétrica é mais lenta em termos de velocidade.
Algoritmos	RC4, AES, DES, 3DES e QUAD.	Algoritmos RSA, Diffie-Hellman e ECC.

3.3.5. A DIFERENÇA ENTRE A CRIPTOGRAFIA ASSIMETRICA E a criptografia simétrica

A encriptação simétrica utiliza uma única chave que deve ser partilhada entre as pessoas que vão receber a mensagem, enquanto a encriptação assimétrica utiliza um par de chaves públicas e privadas para encriptar e desencriptar mensagens durante a comunicação. A encriptação simétrica é uma técnica antiga, enquanto a encriptação assimétrica é relativamente recente. A cifragem assimétrica foi introduzida para ultrapassar o problema inerente à necessidade de partilhar a chave no modelo de cifragem simétrica, eliminando a necessidade de partilhar a chave através de um par de chaves público-privadas. A encriptação assimétrica demora relativamente mais tempo do que a encriptação simétrica. Quando se trata de encriptação, os esquemas mais recentes não são necessariamente os melhores. Deve-se utilizar sempre o algoritmo de encriptação mais adequado para a tarefa em questão.

3.3.6. *O INTERESSE DA CRIPTOGRAFIA ASSIMÉTRICA NUMA REDE DE CADEIAS DE BLOCOS.*

A criptografia assimétrica, também conhecida como criptografia de chave pública, desempenha um papel crucial no funcionamento das redes blockchain. Este método criptográfico, que utiliza um par de chaves - uma chave pública e uma chave privada - permite proteger transacções, gerir identidades e garantir a integridade dos dados de forma descentralizada. Ao contrário da criptografia simétrica, em que uma única chave é utilizada para cifrar e decifrar informações, a criptografia assimétrica oferece maior segurança ao separar essas funções. Uma das principais vantagens da criptografia assimétrica numa rede blockchain é a sua capacidade de garantir a confidencialidade e a integridade das transacções. Cada participante na rede tem uma chave pública, que pode ser partilhada livremente, e uma chave privada, que deve permanecer secreta. Quando um utilizador pretende enviar informações ou efetuar uma transação, encripta a mensagem com a chave pública do destinatário. Apenas o detentor da chave privada correspondente pode desencriptar a mensagem, garantindo que os dados só podem ser lidos pelo destinatário pretendido. A criptografia assimétrica também permite verificar a autenticidade das transacções e das mensagens. Ao utilizar a sua chave privada para assinar uma mensagem, um utilizador pode provar que é o seu autor. Os outros participantes podem verificar esta assinatura utilizando a chave pública do remetente. Esta verificação criptográfica garante que a mensagem não foi alterada em trânsito e que o remetente é quem afirma ser. No contexto das cadeias de blocos, a criptografia assimétrica é essencial para gerir identidades e direitos de acesso. Cada utilizador da rede tem um endereço público derivado da sua chave pública, que funciona como um identificador único. Este endereço é utilizado para receber transacções e interagir com a rede. A posse da chave privada associada permite ao utilizador provar a sua identidade e assinar transacções, reforçando assim a segurança e a confiança na rede descentralizada.

A criptografia assimétrica também facilita a implementação de mecanismos de consenso e governação nas redes de cadeias de blocos. Por exemplo, os algoritmos Proof of Stake (PoS) e Delegated Proof of Stake (DPoS) baseiam-se na capacidade de os utilizadores provarem a posse dos seus tokens e participarem na validação do bloco assinando criptograficamente os seus votos ou propostas. Em conclusão, a criptografia assimétrica é um pilar fundamental das redes de cadeias de blocos, oferecendo uma segurança robusta, uma gestão eficiente da identidade e uma verificação fiável das transacções. A sua capacidade para proteger a informação e garantir a autenticidade das comunicações é essencial para o bom funcionamento e a integridade dos sistemas descentralizados.

3.3.6.1. *GESTÃO DA IDENTIDADE NA REDE*

Vamos ilustrar a propriedade de poder identificar o autor e a integridade de uma mensagem. Na blockchain da Bitcoin, a criptografia assimétrica é utilizada para gerir as identidades na rede. Cada conta tem uma chave pública e uma chave privada. A chave pública pode ser considerada como o endereço Bitcoin de uma pessoa. Um endereço Bitcoin é o equivalente a um número de conta.

Tal como acontece com as contas bancárias, é possível ter vários endereços Bitcoin. Todos os endereços Bitcoin não são encriptados na rede, mas não identificam a pessoa que os possui. Utilizando criptografia assimétrica e funções de hash, a rede pode garantir que A e mais ninguém é o autor da transação.

Se A quiser enviar uma determinada quantia de dinheiro para B, tem de enviar uma mensagem na rede Blockchain com :

➤ O endereço para onde debitar os fundos

➢ O endereço em que os fundos devem ser creditados

➢ O montante da transação.

Assim, o principal problema a evitar é a usurpação de identidade. Como os endereços não estão encriptados na rede, seria muito fácil difundir uma mensagem na rede dizendo que este endereço deve transferir fundos para outro. No entanto, quando uma transação é emitida, tem de ser acompanhada pela impressão digital da transação encriptada pela chave privada do remetente. Por esta razão, apenas o detentor da chave privada, que é normalmente o legítimo proprietário da conta, pode emitir uma transação. Suponhamos que A quer transferir 1 bitcoin para B. Transmite na rede Blockchain que o seu endereço (considerado como a chave pública) deve ser debitado, que o de B deve ser creditado e indica o montante. A transmite a mensagem e o hash passado pela sua chave privada na rede.

Para verificar se a transação veio realmente de A, a rede simplesmente coloca a mensagem num hash de um lado, e depois desencripta o hash enviado por A usando a sua chave pública do outro lado. Se as duas impressões digitais forem iguais, podemos ter a certeza de duas coisas:

✓ A emitiu a ordem,

✓ Os dados contidos na encomenda correspondem ao que A

pretende (nomeadamente o montante e o destinatário).

Existem vários programas de software chamados "carteiras" que facilitam a criação de endereços Bitcoin e a realização de transacções Bitcoin entre esses endereços. É interessante notar que, com a exceção de uma falha de segurança em 2010, a cadeia de blocos Bitcoin nunca foi pirateada com sucesso. As únicas fraudes bem-sucedidas foram ataques que conseguiram roubar as chaves privadas de determinados utilizadores para transferir os fundos da vítima para si próprios. Grandes ataques contra plataformas de câmbio de criptomoedas também foram bem-sucedidos.

3.3.6.2. *ACESSO ÀS INFORMAÇÕES ARMAZENADAS NUMA CADEIA DE BLOCOS*

Não esqueçamos que uma cadeia de blocos é, antes de mais, um meio de informação descentralizado. Isto significa que os dados são replicados entre muitos utilizadores da cadeia de blocos. No entanto, esta replicação não é incompatível com o armazenamento de dados privados ou sensíveis. De facto, ao encriptar os dados utilizando criptografia assimétrica, não há qualquer antagonismo na partilha de dados privados, na medida em que estes não podem ser lidos por outros utilizadores. Apenas o detentor da chave privada poderá decifrar e beneficiar dos dados armazenados na cadeia de blocos, usufruindo das inúmeras vantagens de segurança associadas à replicação do registo e à sua imutabilidade.

3.3.7. *ALGORITMOS DE CONSENSO DA CADEIA DE BLOCOS*

Embora os sistemas descentralizados ofereçam muitas vantagens, a forma como o sistema gere a tomada de decisões colectivas é uma questão que vem rapidamente à mente. De facto, a votação por maioria num sistema descentralizado pode ter muitas falhas. O que acontece se um utilizador decidir votar numa transação inválida? Este problema é agravado se o utilizador puder criar várias contas e, assim, aumentar artificialmente o número de votos. Finalmente, o que acontece se os utilizadores concordarem em validar uma transação inválida? É essencial propor um sistema de consenso que garanta segurança suficiente para a rede. Só com o advento da cadeia de blocos é que os matemáticos e os informáticos começaram a debruçar-se sobre este problema.

O aparecimento da tecnologia informática em sistemas cada vez mais críticos, como a aeronáutica e os equipamentos médicos, levou os investigadores a encontrar formas de tornar estes equipamentos cada vez mais fiáveis. Uma solução consiste em utilizar cálculos redundantes, ou seja, tomar uma única decisão com base em vários cálculos potencialmente divergentes. Encontramos o mesmo problema nas cadeias de blocos, em que diferentes utilizadores, chamados nós numa rede, podem ter opiniões diferentes sobre uma decisão a tomar. Estas opiniões diferentes podem dever-se a uma série de razões, e veremos como lidar com estas contradições no próximo capítulo ("Tipos de falhas numa rede"). Apesar desta divergência, o sistema deve manter-se coerente. Diz-se que a cadeia de blocos Bitcoin é resistente a erros bizantinos graças a um sistema de consenso de prova de trabalho. É este sistema que garante que apenas as transacções válidas são validadas e depois adicionadas aos blocos.

3.3.7.1. *PoW (Prova de Trabalho)*

A Prova de Trabalho (PoW) é o primeiro algoritmo de Blockchain introduzido na rede Blockchain. Um algoritmo PoW funciona pedindo aos nós da rede que resolvam um problema matemático para criar o bloco seguinte e verificar a legitimidade das transacções na rede. O fluxo do algoritmo PoW é ilustrado na *Figura 15*. O problema matemático é resolvido utilizando a função hash (Back, A., 2002). O hash é uma fórmula matemática aleatória complexa que é utilizada para confirmar as transacções armazenadas em blocos. Todos os nós competem para serem os primeiros a encontrar uma solução por força bruta, o que requer um grande número de tentativas.

Quem for o primeiro a encontrar a solução pode ter o direito de criar um novo bloco, que será adicionado à plataforma depois de verificado. Os nós que participam no cálculo são designados por mineiros, e o processo de resolução do problema é designado por mineração. A vantagem do algoritmo de prova de trabalho é o seu elevado grau de segurança e descentralização. No entanto, a sua principal desvantagem é o facto de consumir mais energia e recursos. Os mineiros precisam de uma grande capacidade de processamento para encontrar a solução para o difícil problema matemático de fazer o hashing de mil milhões ou mais nonces. Isto desperdiça recursos preciosos (dinheiro, energia, espaço, hardware). Também demora muito tempo. Os mineiros têm de examinar um grande número de valores nonce para encontrar a solução correta para o problema que tem de ser resolvido para minerar o bloco. Além disso, a resolução deste problema demorará algum tempo devido à complexidade da resolução da função hash. Por conseguinte, este algoritmo não é adequado para uma rede grande e de crescimento rápido que exija um grande número de blocos.

3.3.7.2. POS (PROOF-OF-STAKE)

O PoS foi mencionado no primeiro projeto Bitcoin *Figure 16*, mas não foi utilizado por razões de robustez e outras. A primeira aplicação do PoS é a PPCoin. [41]Em PoS King, (S. e Nadal, S., 2012), a moeda digital tem o conceito de dinheiro.

Consequentemente, a idade de uma moeda é o seu valor multiplicado pelo período após a sua criação. Quanto mais moedas um nó tiver, mais direitos pode obter na rede. Consequentemente, os detentores de moedas também receberão uma determinada recompensa, consoante a idade da moeda.

Figura 15: Algoritmo POW

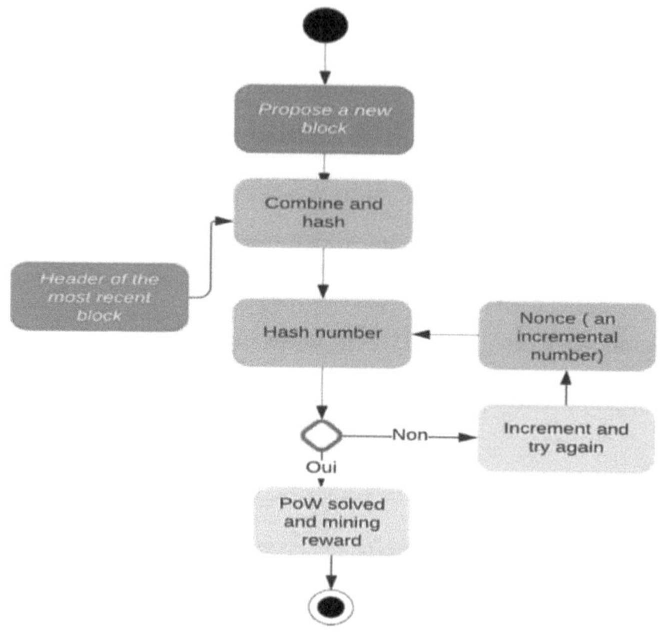

Fonte: produzido pelo autor

Na conceção da PPCoin, a mineração também é necessária para obter direitos contabilísticos. [42]A fórmula é proofhash<a idade da moeda alvo (Mingxiao et al., 2017). O proofhash é um valor de hash composto pelo fator de peso, o valor de saída não gasto e a soma difusa da hora atual.

No entanto, o PoS limita o poder de hash de cada nó. Apesar do facto de a dificuldade de mineração ser inversamente proporcional à idade da moeda, o PoS incentiva os detentores de moedas a aumentar o seu tempo de detenção. Atualmente, com o conceito de idade da moeda, a Blockchain já não se baseia inteiramente na prova de trabalho. Isto resolve efetivamente o problema do desperdício de recursos PoW. Como resultado, a segurança do Blockchain usando PoS melhora à medida que o valor do Blockchain aumenta. Os atacantes precisam então de acumular um grande número de moedas e mantê-las durante tempo suficiente para atacar a Blockchain.

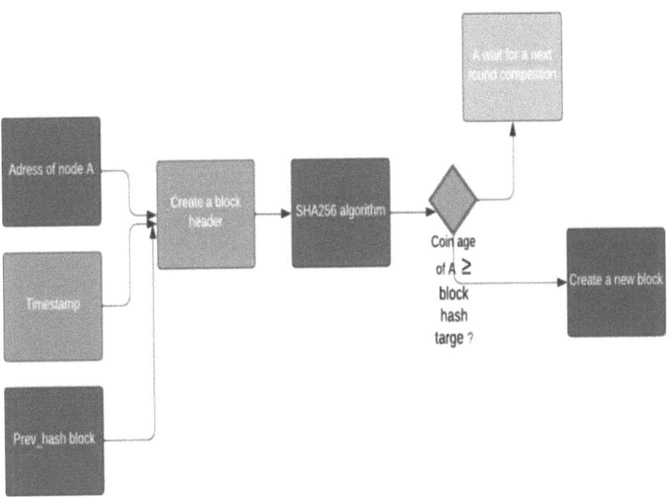

Figura 16: Fluxograma do algoritmo POS

Fonte: produzido pelo autor

Este facto também aumenta consideravelmente a dificuldade dos ataques. Para além da PPCoin, existem muitas outras moedas que utilizam PoS, como a Nxt e a BlackCion. Mas estas têm em conta os direitos dos nós e utilizam um algoritmo aleatório para atribuir direitos de contabilidade.

3.3.7.3. *DPoS (PROVA DE PARTICIPAÇÃO)*

Na Blockchain com DPoS *Figura 17,* cada nó pode selecionar testemunhas de acordo com a sua participação. Em toda a rede, as primeiras N testemunhas que participam na campanha e obtêm o maior número de votos têm o direito de contar. O número N de testemunhas é definido de forma a que pelo menos 50% dos participantes votantes considerem que a descentralização é suficiente. Além disso, as testemunhas eleitas criam novos blocos um a um, como indicado, e obtêm recompensas; por outro lado, as testemunhas devem garantir um tempo de ligação adequado.

Figura 17: Algoritmo DPOS

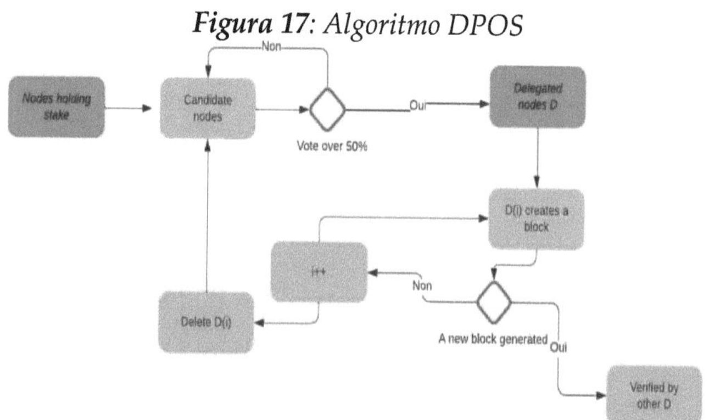

Fonte : produzido pelo autor

Se uma testemunha não puder criar o bloco que lhe foi atribuído, a atividade desse bloco será transferida para o bloco seguinte e as partes interessadas votarão numa nova testemunha para a substituir. [43]A cadeia de blocos que utiliza o DPoS é mais eficiente e mais económica em termos energéticos do que o PoW e o PoS (Mingxiao et al., 2017) .

3.3.7.4. PBFT (*PRACTICAL BYZANTINE FAULT TOLERANCE*)

Em sistemas distribuídos, a tolerância a falhas bizantinas pode ser um bom método de resolução de erros de transmissão. No entanto, o primeiro sistema bizantino exigia operações exponenciais. [4445]Até que, em 1999, foi proposto o sistema PBFT (Practical Byzantine Fault Tolerance) (Castro, M. & Liskov, B.,1999) , e a complexidade do algoritmo foi reduzida para um nível polinomial, o que melhorou significativamente a eficiência (Baliga, 2017) .

O PBFT é composto por cinco Estados:

Figura 18: Estados do PBFT

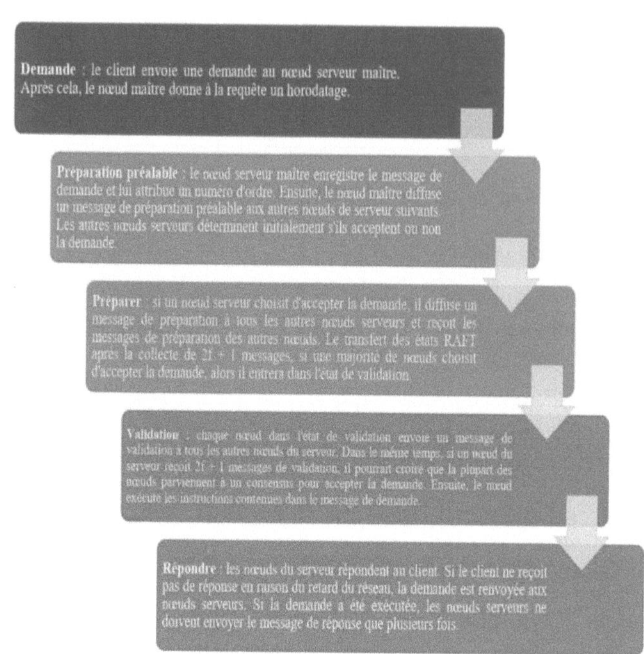

O quadro 2 compara os diferentes algoritmos de consenso abordados nesta secção.

	PoW		PdV	DPoS	PBFT
	BTC	ETH	-	-	-
Equipamento específico	ASIC	GPU			
Tipo de cadeia de blocos	Público (sem autorização)		Híbrido	Público (sem autorização)	Privado (autorizado)
Objetivo da transação	Prob		Prob	Prob	Imediato
Débito de transação	Baixa		Elevado	Elevado	Elevado
Moeda/Token necessário?	Sim		Sim	Sim	Não
Custo de participação	Sim		Sim	Sim	Não
Consumo de energia?	Sim		Não	Não	Não
Escalabilidade da rede	Elevado		Elevado	Elevado	Baixa
Modelo de confiança	Sem confiança		Sem confiança	Sem confiança	Semi-confiança
Tolerância a erros bizantinos	<=25%		Depende de Ualgorithme Específico utilizado	Depende do Ualgorithme Específico utilizado	<=33%
Nível de segurança	Muito elevado		Baixa	Elevado	Médio

Nível de descentralização	Médio		Elevado	Muito elevado	Baixa

Fonte: produzido pelo autor

Apesar do facto de terem sido introduzidos e utilizados numerosos algoritmos de consenso na cadeia de blocos, os algoritmos de consenso existentes dizem respeito principalmente à cadeia de blocos pública, sendo a cadeia de blocos de consórcios a que recebe menos atenção.

A blockchain do consórcio é uma blockchain autorizada, na qual os nós primários são previamente especificados. Isto significa que qualquer pessoa que pretenda aceder ao livro-razão deve ser membro de uma organização. A cadeia de blocos do consórcio é também constituída por utilizadores conhecidos e de confiança.

Em geral, o algoritmo PBFT é amplamente utilizado numa blockchain de consórcio, uma vez que melhora consideravelmente o desempenho de consenso da blockchain. O número de mensagens trocadas e processadas na rede aumenta consideravelmente com o número de nós. Por conseguinte, para superar as deficiências do algoritmo PBFT, o método de agrupamento será adicionado à fase do algoritmo PBFT para reduzir efetivamente a sobrecarga de comunicação no algoritmo de consenso PBFT.

No atual algoritmo PBFT, todos os nós têm de comunicar entre si para chegar a um consenso. Isto implica uma comunicação extensiva com um grande número de nós, o que resulta numa maior sobrecarga de comunicação. Por conseguinte, ao implementar o método de agrupamento, agrupando os nós sequencialmente, os nós só precisam de comunicar com os membros do seu grupo, em vez de comunicarem com todos os nós da rede, o que reduzirá a sobrecarga de comunicação.

CONCLUSÃO

Este terceiro capítulo explorou em profundidade o funcionamento interno da cadeia de blocos, destacando os mecanismos fundamentais que garantem a sua eficiência e segurança. Através de uma análise detalhada da sua estrutura, mecanismos de consenso e tecnologias criptográficas, conseguimos compreender como a cadeia de blocos consegue fornecer uma plataforma descentralizada, transparente e segura para transacções e dados. Começámos por examinar a estrutura dos blocos, que constituem a espinha dorsal da cadeia de blocos. Cada bloco contém um conjunto de transacções validadas, uma referência criptográfica ao bloco anterior e várias outras informações essenciais, como o carimbo de data/hora, a raiz Merkle e o nonce. Esta arquitetura garante a imutabilidade e a integridade dos dados, tornando virtualmente impossível modificá-los retroativamente sem alterar toda a cadeia. As transacções, o coração da cadeia de blocos, são validadas e registadas de forma segura utilizando algoritmos de consenso como a prova de trabalho (PoW) e a prova de aposta (PoS). Estes mecanismos garantem que todas as transacções adicionadas à cadeia de blocos são legítimas e que a rede funciona de forma descentralizada, sem a intervenção de uma autoridade central. Cada um destes algoritmos tem as suas próprias vantagens e desafios, mas todos têm como objetivo manter a consistência e a segurança da rede.

A descentralização é um elemento-chave que distingue a cadeia de blocos dos sistemas tradicionais. Graças à arquitetura peer-to-peer (P2P), cada nó da rede participa ativamente na validação e propagação das transacções, eliminando pontos únicos de falha e melhorando a resiliência e a segurança globais. As redes P2P podem ser estruturadas, não estruturadas ou híbridas, cada uma oferecendo diferentes níveis de desempenho e robustez. A criptografia, em particular a criptografia assimétrica, desempenha um papel crucial na segurança dos dados e das transacções na cadeia de blocos. Utilizando pares de chaves públicas e privadas, a criptografia assimétrica assegura a confidencialidade da informação, permite a verificação de identidades e garante a integridade das transacções. Este nível de segurança é essencial para proteger os utilizadores contra fraudes e ataques. Em conclusão, a blockchain combina de forma engenhosa os princípios da criptografia, do consenso distribuído e da descentralização para criar um sistema robusto e seguro. Esta tecnologia, que ainda está a dar os primeiros passos, já demonstrou o seu potencial para transformar não só o sector financeiro, mas também uma série de outras indústrias. À medida que continua a evoluir e a ultrapassar os seus actuais desafios, a cadeia de blocos está bem posicionada para desempenhar um papel central na transformação digital da nossa sociedade e economia globais.

CAPÍTULO 4

"Blockchain e tecnologia de registo distribuído".

Embora a cadeia de blocos e o livro-razão distribuído sejam semelhantes, existem diferenças entre os dois. A Blockchain pode ser classificada como um tipo de livro-razão distribuído, mas nem todos os livros-razão distribuídos podem ser classificados como uma Blockchain. "Uma Blockchain é um tipo de livro-razão distribuído, mas nem todos os livros-razão distribuídos são Blockchains." (IBM, 2020). No entanto, a maioria das empresas continua a utilizar uma base de dados centralizada com uma localização fixa. Ao contrário de uma base de dados centralizada, um livro-razão distribuído é descentralizado, eliminando a necessidade de uma autoridade central ou intermediário para processar, validar ou autenticar transacções. Um livro-razão distribuído é uma base de dados que pode residir em vários locais ou com vários participantes. Além disso, numa Blockchain, os dados são replicados em todos os nós da rede, ao passo que num livro-razão distribuído, os dados só são replicados nos nós que precisam de os conhecer." (Coindesk, 2018). Além disso, estes registos só serão armazenados no livro-razão quando as partes envolvidas chegarem a um consenso e redes descentralizadas peer-to-peer Por outro lado, a Blockchain é uma forma de livro-razão distribuído que se baseia numa tecnologia específica. Este último cria um registo imutável de registos mantido por uma rede descentralizada após um consenso ter aprovado todos os registos. "Os livros-razão distribuídos são um tipo de base de dados distribuída por vários sítios, países ou instituições. Blockchain é um tipo de registo distribuído, em que os dados são armazenados em blocos encadeados." (Fórum Económico Mundial, 2016). A diferença significativa entre Blockchain e Distributed Ledger Technology (DLT) é a assinatura criptográfica e a ligação de grupos de registos no livro-razão que forma uma cadeia. Além disso, o público e os utilizadores têm a capacidade de determinar a estrutura e o funcionamento de uma cadeia de blocos com base na aplicação específica da cadeia de blocos: "Um livro-razão distribuído é simplesmente uma base de dados distribuída por uma rede de computadores. Uma Blockchain é um tipo específico de livro-razão distribuído que utiliza técnicas criptográficas para proteger os dados e torná-los invioláveis." (Investopedia, 2020) Enumerámos alguns dos aspectos únicos da cadeia de blocos e dos livros-razão distribuídos para compreender melhor a diferença entre a tecnologia DLT e a cadeia de blocos.

A principal diferença entre a tecnologia Blockchain e os registos distribuídos reside na sua estrutura fundamental. Uma cadeia de blocos é geralmente constituída por blocos de dados, cada bloco contendo um conjunto de transacções validadas, uma referência ao bloco anterior sob a forma de um hash e outros metadados importantes, como o carimbo de data/hora e o nonce. Esta sequência de blocos cria uma cadeia inalterável, daí o nome "cadeia de blocos". Cada novo bloco é adicionado linear e sequencialmente, garantindo a integridade e a imutabilidade dos dados registados. Em contrapartida, um livro-razão distribuído não precisa de adotar uma estrutura de cadeia de blocos. Os registos distribuídos podem organizar os dados de diferentes formas, consoante as necessidades da aplicação. Um livro-razão distribuído é simplesmente uma base de dados espalhada por vários nós, e estes dados podem ser representados de muitas formas em cada livro-razão (Coindesk, 2018). Alguns livros-razão distribuídos podem utilizar uma estrutura de blocos semelhante à Blockchain, enquanto outros podem adotar formatos diferentes ou não utilizar blocos de todo.

4.1.1. TIPOS DE ESTRUTURAS EM DLT

1. **Blockchain** :

- **Sequência linear de blocos**: Cada bloco está ligado sequencialmente ao bloco anterior através de um hash, formando uma cadeia contínua.

- **Referência criptográfica**: A referência (hash) ao bloco anterior garante que cada nova transação está ligada e dependente das anteriores, assegurando assim a imutabilidade dos dados.

- **Exemplo**: Bitcoin, Ethereum.

2. **Bases de dados distribuídas** :

- **Distribuição de dados** : Os dados são distribuídos por vários nós, mas não seguem uma estrutura de blocos. Cada nó pode conter uma cópia completa ou parcial dos dados.

- **Vários mecanismos de consenso**: As DLT que utilizam esta estrutura podem implementar vários mecanismos de consenso adaptados às suas necessidades específicas.

- **Exemplo**: Corda, Hyperledger Fabric.

4.1.2. Vantagens e desvantagens das estruturas

4.1.2.1. Blockchain:

Vantagens :

- Imutabilidade: A sequência linear de blocos garante que, uma vez adicionados, os dados não podem ser modificados.

- Segurança: A referência criptográfica e a dificuldade de modificação retroactiva aumentam a segurança contra ataques.

- Transparência: As transacções são visíveis e rastreáveis de forma transparente.

Desvantagens:

- Escalabilidade limitada: A sequência linear pode tornar-se um estrangulamento à medida que o número de transacções aumenta.

- Consumo de energia: Os mecanismos de consenso, como a prova de trabalho, consomem muita energia.

4.1.2.2. *BASES DE DADOS DISTRIBUIDAS :*

Vantagens :

- Flexibilidade: Os dados podem ser organizados e acedidos de várias formas, consoante as necessidades da aplicação.

- Adaptabilidade: Permite a implementação de mecanismos

de consenso variados e específicos.

Desvantagens :

- Consistência: Garantir a consistência dos dados entre nós pode ser um desafio, especialmente em redes altamente distribuídas.

- Transparência: A estrutura pode não oferecer a mesma transparência que uma cadeia de blocos tradicional.

4.1.3. PERSPECTIVAS DE UTILIZAÇÃO

As várias estruturas DLT e de cadeias de blocos são adaptadas a diferentes casos de utilização, consoante as necessidades específicas em termos de segurança, escalabilidade e transparência. As cadeias de blocos, com a sua estrutura sequencial e segura, são ideais para aplicações que exigem uma imutabilidade rigorosa, como registos financeiros e sistemas de votação. As bases de dados distribuídas oferecem uma flexibilidade que pode ser útil em ambientes empresariais onde são necessários diferentes níveis de permissão e confidencialidade dos dados, como em redes de cadeias de abastecimento ou consórcios bancários. Em conclusão, embora a cadeia de blocos seja uma forma específica de livro-razão distribuído, os DLT oferecem uma variedade de estruturas que permitem que esta tecnologia seja adaptada a uma vasta gama de aplicações. Cada estrutura tem as suas próprias vantagens e desvantagens, e a escolha da estrutura depende dos requisitos específicos do projeto e do ambiente em que será implantado.

4.2. *SEQUENCIA*

Todos os blocos da tecnologia blockchain estão numa sequência específica. No entanto, um livro-razão distribuído não precisa de uma sequência específica de dados. Tal como referido no artigo de Tapscott e Tapscott (2016), "todos os blocos numa cadeia de blocos estão numa sequência específica, ligados uns aos outros numa cadeia" (Tapscott & Tapscott, 2016). Em contrapartida, "um livro-razão distribuído não exige uma sequência específica de dados" (Li et al., 2017). Em vez disso, diferentes nós na rede podem manter diferentes visões do livro-razão, com alterações e actualizações propagadas através da rede em tempo real. A sequência específica de blocos numa cadeia de blocos é fundamental para garantir a integridade e a transparência dos dados. Cada bloco contém um hash criptográfico do bloco anterior, criando uma cadeia inalterável em que qualquer tentativa de modificar um bloco anterior invalidaria todos os blocos subsequentes. Esta sequência linear garante que cada transação é registada de forma permanente e cronológica, oferecendo total rastreabilidade e verificabilidade dos dados.

4.2.1. *IMPORTANCIA DA SEQUENCIA NA CADEIA DE BLOCOS*

A sequência de blocos numa cadeia de blocos desempenha vários papéis cruciais:

1. **Imutabilidade e segurança**: A sequência de blocos garante que os dados não podem ser alterados depois de terem sido adicionados à cadeia de blocos. Qualquer tentativa de os modificar seria imediatamente detectada, uma vez que quebraria a cadeia criptográfica.

2. **Rastreabilidade**: As transacções são registadas por ordem cronológica, permitindo que todas as transacções sejam rastreadas até à sua origem. Isto é particularmente importante para aplicações que requerem uma auditoria completa e transparente, tais como registos financeiros ou cadeias de fornecimento.

3. **Consenso e validação**: A sequência dos blocos é também crucial para os mecanismos de consenso. Os mineiros ou validadores devem trabalhar no último bloco da cadeia, e qualquer tentativa de o bifurcar ou modificar antes seria

imediatamente rejeitada pela rede.

4.2.2. *FLEXIBILIDADE DOS REGISTOS DISTRIBUÍDOS*

Em contrapartida, os registos distribuídos oferecem uma maior flexibilidade em termos de estrutura e sequência de dados. Como não requerem uma sequência específica, os DLT podem ser concebidos para aplicações em que a velocidade e a escalabilidade são mais importantes do que a imutabilidade estrita.

1. **Actualizações em tempo real**: Num livro-razão distribuído, os nós podem manter diferentes visões do livro-razão e propagar actualizações em tempo real. Isto permite uma maior flexibilidade no processamento de dados e pode melhorar o desempenho e a escalabilidade da rede.

2. **Resiliência**: Os sistemas DLT podem ser mais resistentes a falhas e ataques locais porque não dependem de uma única sequência de dados. Os nós podem continuar a funcionar e a atualizar o livro-razão independentemente de outros nós.

3. **Diversas aplicações**: Esta flexibilidade torna as DLT particularmente adequadas para uma variedade de

aplicações, como a gestão de identidades, redes de pagamento em tempo real e sistemas de gestão de activos em que não é necessário um sequenciamento rigoroso.

4.2.3. *CASOS DE UTILIZAÇÃO E BENEFICIOS*

A sequência rigorosa de blocos numa cadeia de blocos é particularmente vantajosa para aplicações que exigem elevada segurança e rastreabilidade imutável. Por exemplo, nos registos prediais, a cadeia de blocos pode garantir que cada transação de propriedade seja registada de forma permanente e verificável. Nos sistemas de votação, pode garantir que cada voto é contado e registado sem possibilidade de fraude. Por outro lado, os livros-razão distribuídos podem oferecer soluções eficazes para sistemas que exigem que os dados sejam actualizados de forma rápida e flexível. Por exemplo, nas redes de pagamento interbancárias, a capacidade de atualizar os saldos das contas em tempo real sem seguir uma sequência rigorosa pode melhorar a eficiência e reduzir os tempos de processamento. Em conclusão, embora a sequência de blocos seja uma caraterística distintiva e vantajosa da cadeia de blocos, os livros-razão distribuídos oferecem uma flexibilidade estrutural que pode ser mais adequada a determinadas aplicações. A escolha entre uma cadeia de blocos e uma DLT depende das necessidades específicas em termos de segurança, rastreabilidade, escalabilidade e desempenho do sistema.

4.3. *PROVA DE TRABALHO (PREUVE DE TRAVAIL)*

Na maioria dos casos, as cadeias de blocos utilizam o mecanismo de Prova de Trabalho (PoW). Existem outros mecanismos, no entanto, mas eles geralmente consomem muita energia. O livro-razão distribuído, por outro lado, não precisa desse tipo de consenso, o que o torna mais escalável. A prova de trabalho acrescenta uma diferença significativa entre o livro-razão distribuído e a Blockchain. Trata-se de um mecanismo de consenso que envolve a resolução de um puzzle matemático complexo para adicionar um novo bloco à Blockchain, e foi concebido para ser difícil e consumir muitos recursos para desencorajar os agentes maliciosos de tentarem manipular a rede. De acordo com o livro branco original da Bitcoin, "a prova de trabalho consiste na procura de um valor que, quando hash, como com SHA-256, começa com um certo número de bits zero" (Nakamoto, 2008); quanto maior o número de bits zero, mais difícil é o puzzle. Para garantir que novos blocos são adicionados à cadeia de blocos, é necessário um "esforço computacional substancial" (Bonneau et al., 2015). Este esforço computacional é fornecido pelos "mineiros", que competem para serem os primeiros a resolver o puzzle e a adicionar um novo bloco à cadeia de blocos.

4.3.1. *Como funciona a Prova de Trabalho*

O processo de prova de trabalho funciona da seguinte forma:

1. **Proposta de bloco**: Os mineiros recolhem transacções não confirmadas e organizam-nas num bloco candidato.

2. **Resolver o puzzle**: Os mineiros têm de encontrar um nonce (um número arbitrário) que, quando combinado com os dados do bloco e passado por uma função de hash (como o SHA-256), produz um hash que começa com um determinado número de bits zero.

3. **Distribuição e validação**: Depois de um mineiro ter encontrado o nonce correto, distribui o bloco validado por toda a rede. Os outros nós verificam rapidamente se o bloco é válido.

4. **Adição ao Ledger:** Se o bloco for validado pela maioria dos nós, é adicionado à blockchain e o mineiro é recompensado com criptomoedas.

4.3.2. *Vantagens e desvantagens da Prova de Trabalho*

Vantagens :

- **Segurança**: O elevado custo e a dificuldade do puzzle tornam a manipulação da cadeia de blocos dispendiosa e impraticável para os atacantes.

- **Descentralização**: O PoW permite uma ampla participação no processo de validação, distribuindo o poder de validação por um grande número de mineiros.

- **Resiliência**: A estrutura descentralizada e a redundância de dados garantem um elevado nível de resiliência face a avarias ou ataques.

Desvantagens:

- **Consumo de energia**: O PoW é extremamente intensivo em termos de energia, exigindo uma grande capacidade de computação para resolver os puzzles.

- **Escalabilidade**: A dificuldade dos puzzles e o tempo necessário para os resolver podem limitar o número de transacções processadas por segundo.

- **Centralização da exploração mineira**: O elevado custo do equipamento de exploração mineira pode levar à centralização, em que apenas os jogadores com recursos significativos podem dar-se ao luxo de participar efetivamente.

4.3.3. ALTERNATIVAS A PROVA DE TRABALHO

Para ultrapassar as limitações da prova de trabalho, foram desenvolvidos vários outros mecanismos de consenso:

1. **Prova de aposta (PoS)** :

- Em vez de resolver puzzles, os validadores são escolhidos para criar novos blocos de acordo com o número de tokens que detêm e estão prontos a "apostar". Este mecanismo consome muito menos energia do que o PoW.

- **Exemplos**: Ethereum 2.0, Cardano.

2. **Prova de participação delegada (DPoS):**

- Os detentores de tokens elegem um pequeno número de delegados para validar as transacções e criar novos blocos. Este modelo melhora a eficiência e reduz o consumo de energia, mantendo um certo nível de descentralização.

. **Exemplos**: EOS, TRON.

3. **Prova de autoridade (PoA)** :

- Um pequeno número de validadores fiáveis e verificados é escolhido para criar novos blocos. Este modelo é frequentemente utilizado em cadeias de blocos privadas ou consórcios em que não é necessária uma descentralização total.

* **Exemplos**: VeChain, Rede POA.

4. **Prova de capacidade (PoC)** :

* Os mineiros atribuem espaço em disco para armazenar dados hash e os blocos são criados de acordo com o espaço disponível. Este modelo reduz o consumo de energia em comparação com o PoW.

* **Exemplos**: Burstcoin, Chia.

4.3.4. *PERSPECTIVAS DE UTILIZAÇÃO E DESENVOLVIMENTOS FUTUROS*

À medida que as preocupações com o consumo de energia e a escalabilidade da prova de trabalho continuam a crescer, muitos projectos de cadeias de blocos estão a explorar e a adotar estes mecanismos de consenso alternativos. A transição do Ethereum para o Ethereum 2.0, utilizando PoS, é um dos exemplos mais proeminentes desta evolução. As empresas e os programadores de cadeias de blocos estão constantemente a tentar equilibrar a segurança, a descentralização e a eficiência energética para criar sistemas mais sustentáveis e escaláveis. Em conclusão, embora a prova de trabalho tenha desempenhado um papel crucial na segurança das primeiras cadeias de blocos, como a Bitcoin, os desafios que coloca em termos de consumo de energia e escalabilidade estão a levar a comunidade a explorar e adotar mecanismos de consenso mais inovadores e eficientes. Os livros-razão distribuídos, ao não estarem vinculados à prova de trabalho, oferecem maior flexibilidade e escalabilidade, permitindo uma adoção mais ampla e diversificada da tecnologia de cadeia de blocos numa variedade de sectores.

4.4. *IMPLEMENTAÇÕES E EXECUÇÃO*

A implementação é um ponto-chave a considerar para compreender as diferenças entre a cadeia de blocos e o livro-razão distribuído. A cadeia de blocos tem muitas implementações na vida real à medida que se torna mais popular e muitas utilizações são desenvolvidas ao longo do tempo. Como muitas empresas estão a abraçar a natureza da cadeia de blocos e a integrá-la lentamente nos seus sistemas, também encontrará grandes gigantes como a Amazon, a IBM, etc., a oferecer uma boa solução de cadeia de blocos como um serviço. Em comparação, os programadores começaram recentemente a aprofundar o núcleo da tecnologia de registo distribuído.

Embora existam vários tipos de DLT no mundo da tecnologia, há poucas implementações na prática. No entanto, continuam a ser desenvolvidas e, muito em breve, começaremos a ver implementações reais.

4.4.1. *EXEMPLOS DE IMPLEMENTAÇÕES DE CADEIAS DE BLOCOS*

1. **Criptomoedas** :

- **Bitcoin:** A primeira e mais famosa implementação da tecnologia de cadeia de blocos. A Bitcoin provou que a cadeia de blocos pode garantir transacções financeiras de forma descentralizada, sem um terceiro de confiança.

- **Ethereum**: Para além das simples transacções financeiras, o Ethereum introduziu os contratos inteligentes, permitindo uma automatização e programabilidade sem precedentes.

2. **Serviços financeiros** :

- **Ripple**: Utilizado para pagamentos transfronteiriços rápidos e seguros, oferecendo uma alternativa eficiente aos sistemas de transferência tradicionais.

. **JPM Coin**: Uma criptomoeda desenvolvida pelo JPMorgan Chase para facilitar as transacções interbancárias e reduzir os custos de transação.

3. **Cadeia de abastecimento** :

- **IBM Food Trust**: Utilizar a cadeia de blocos para garantir a rastreabilidade dos alimentos desde o campo até ao prato, melhorando a transparência e a segurança alimentar.

- **VeChain**: Permite a rastreabilidade de bens de luxo,

medicamentos e outros artigos críticos para garantir a sua autenticidade e proveniência.

4. **Sistemas de votação** :

- **Voatz**: Uma aplicação de votação móvel baseada em blockchain utilizada para proteger e verificar os votos nas eleições.

- **FollowMyVote**: Fornece uma solução de votação em linha segura e transparente utilizando a tecnologia blockchain.

5. **Saúde** :

- **MedRec**: Utiliza a cadeia de blocos para gerir registos de saúde electrónicos, garantindo a confidencialidade e a segurança dos dados dos pacientes.

- **PharmaLedger**: Um consórcio de cadeias de blocos para a indústria farmacêutica destinado a melhorar a rastreabilidade dos medicamentos e a combater a contrafação.

4.4.2. *EXEMPLOS DE IMPLEMENTAÇÕES DE LEDGER DISTRIBUIDO (DLT)*

1. **FinTech** :

- **Corda**: Uma plataforma DLT concebida para que as empresas possam gerir transacções financeiras de forma segura e eficiente. Utilizada por consórcios bancários para liquidações interbancárias e contratos financeiros.

- **Quorum**: Uma versão permissiva da cadeia de blocos Ethereum desenvolvida pela JPMorgan, utilizada para aplicações financeiras que exigem um elevado grau de confidencialidade.

2. **Logística e cadeia de abastecimento** :

- **Hyperledger Fabric**: Uma infraestrutura DLT modular apoiada pela Linux Foundation. Utilizada para aplicações logísticas, permitindo uma gestão transparente e segura da cadeia de abastecimento.

- **TradeLens**: Uma plataforma de gestão da cadeia de abastecimento baseada em DLT desenvolvida pela IBM e pela Maersk para melhorar a transparência e a eficiência dos processos logísticos globais.

3. **Energia** :

- **Energy Web Foundation**: Utiliza a DLT para gerir transacções de energias renováveis e certificados verdes, facilitando o comércio de energia entre produtores e consumidores.

- **Power Ledger**: Uma plataforma DLT que permite o comércio descentralizado de energia solar, aumentando a eficiência e a transparência das transacções de energia.

4. **Identidade e autenticação** :

- **Sovrin**: Utiliza a DLT para fornecer identidades digitais auto-soberanas, permitindo que os indivíduos controlem os seus próprios dados de identificação.

- **uPort**: Uma plataforma DLT para a gestão da identidade digital que permite aos utilizadores possuir e controlar as suas identidades pessoais.

4.4.3. DESAFIOS E OPORTUNIDADES DE APLICAÇÃO

Desafios :

- **Interoperabilidade**: Garantir que diferentes cadeias de blocos e DLTs possam interagir sem problemas continua a ser um grande desafio.

- **Regulamentos**: os regulamentos relativos à utilização da cadeia de blocos e da DLT ainda estão a evoluir, criando incerteza para as empresas.

- **Escalabilidade**: Algumas implementações de cadeias de blocos, particularmente as baseadas em provas de trabalho, têm problemas de escalabilidade que podem limitar a sua adoção.

Oportunidades :

- **Inovação**: A tecnologia Blockchain e a DLT oferecem um terreno fértil para a inovação, abrindo caminho a novas aplicações e modelos de negócio.

- **Eficiência**: Ao reduzir os intermediários e automatizar os processos através de contratos inteligentes, a cadeia de blocos e a DLT podem melhorar significativamente a eficiência operacional.

- **Transparência e segurança**: A imutabilidade e a rastreabilidade oferecidas pela cadeia de blocos podem melhorar a transparência e a segurança em vários sectores, aumentando a confiança dos consumidores e dos parceiros comerciais.

Em conclusão, embora a cadeia de blocos já tenha dado provas em muitas aplicações, os livros-razão distribuídos também têm um potencial considerável para transformar uma série de sectores. À medida que estas tecnologias continuam a desenvolver-se e a amadurecer, é provável que assistamos a uma maior adoção e a uma integração mais profunda nos sistemas existentes, proporcionando melhorias significativas em termos de transparência, segurança e eficiência.

A tecnologia de registo distribuído (DLT) não requer a utilização de fichas ou moedas digitais. No entanto, os tokens podem ser úteis para funções específicas, como o bloqueio de spam ou a gestão do acesso. Por exemplo, os sistemas DLT podem implementar fichas para limitar acções maliciosas através da imposição de custos para determinadas operações, garantindo assim a segurança e a utilização adequada da rede. Na tecnologia blockchain, por outro lado, os tokens desempenham um papel fundamental. Teoricamente, qualquer pessoa pode gerir um nó numa cadeia de blocos, mas a operação de um nó inteiro exige uma infraestrutura de rede considerável e pode ser difícil de gerir sem os incentivos económicos proporcionados pelos tokens. Os tokens são utilizados para representar valor, propriedade ou direitos de acesso dentro da rede. Funcionam como mecanismos de incentivo para que os participantes validem as transacções e protejam a rede. Os tokens podem representar uma vasta gama de activos. As criptomoedas, como a Bitcoin, são os exemplos mais conhecidos, mas os tokens também podem representar activos digitais, como imóveis, obras de arte ou acções de empresas. Estas representações digitais permitem transacções fáceis e seguras, garantindo a rastreabilidade e a autenticidade dos activos trocados. De acordo com Swan (2015), os tokens são considerados uma "inovação fundamental" no espaço Blockchain, abrindo novas possibilidades para transacções digitais e gestão de activos.

Quadro 3: Comparação entre a cadeia de blocos e o livro-razão distribuído

	Leger distribuído	Cadeia de blocos
Estrutura de blocos	Esta é uma base de dados distribuída por diferentes nós, mas os dados podem ser diferentes em cada nó.	Trata-se de uma base de dados distribuída por diferentes nós com os mesmos dados.
Prova de trabalho	É comparativamente mais escalável, uma vez que não requer prova de trabalho	É um subconjunto dos registos distribuídos, mas oferece funcionalidades adicionais que ultrapassam o âmbito dos DLT tradicionais.
Utilizações comuns	Utilizado numa variedade de domínios, incluindo finanças, logística e identidade digital.	Utilizado principalmente para as criptomoedas, mas também está a ser explorado noutros sectores
Fichas	Não é necessário ter tokens ou qualquer outra moeda na rede	Existe uma espécie de economia de fichas

Fonte: produzido pelo autor

Os tokens numa cadeia de blocos não se limitam à sua função como dinheiro. Podem também ser utilizados para governar a rede, permitindo que os detentores de tokens votem em decisões importantes e actualizações do protocolo. Esta função descentralizada de governação dos tokens garante que as decisões são tomadas colectiva e democraticamente, evitando a centralização do poder.

Em conclusão, embora a tecnologia de livro-razão distribuído possa funcionar sem tokens, a cadeia de blocos moderna assenta fortemente na economia dos tokens. Estes tokens não só facilitam as transacções, como também desempenham um papel crucial no incentivo aos participantes, na segurança da rede e na governação descentralizada. À medida que a tecnologia de cadeia de blocos evolui, a utilização de fichas continua a diversificar-se, indo além das criptomoedas para incluir uma variedade de activos digitais e novas aplicações inovadoras.

CONCLUSÃO

Este quarto capítulo clarificou as distinções essenciais entre blockchain e Distributed Ledger Technology (DLT). Embora frequentemente confundidas, estas duas tecnologias têm diferenças fundamentais em termos de estrutura, sequência de dados, mecanismos de consenso, implementação e utilização de tokens. A Blockchain, enquanto forma específica de DLT, distingue-se pela utilização de blocos de dados ligados sequencialmente e protegidos por assinaturas criptográficas. Esta estrutura permite criar um registo imutável e transparente, validado por mecanismos de consenso como a prova de trabalho (PoW) ou a prova de aposta (PoS). Os DLTs, por outro lado, podem adotar uma variedade de estruturas e não requerem necessariamente uma sequência de dados ou mecanismos de consenso que consumam muita energia, o que os torna mais adaptáveis e frequentemente mais escaláveis para determinadas aplicações. Também analisámos a importância dos tokens nas redes de cadeias de blocos, que funcionam como mecanismos económicos internos para incentivar a participação e manter a segurança da rede. No entanto, as DLT não requerem necessariamente a utilização de tokens, o que pode simplificar a sua implementação e adoção em contextos em que os tokens não são necessários. Em termos de implementação, a cadeia de blocos já provou a sua utilidade em muitos domínios, incluindo as criptomoedas, a gestão da cadeia de abastecimento e os sistemas de votação seguros. As DLT, embora ainda em desenvolvimento, revelam um potencial promissor numa série de sectores, como as finanças, a logística e a identidade digital, oferecendo soluções descentralizadas e seguras sem os condicionalismos específicos das cadeias de blocos. Em conclusão, embora a cadeia de blocos e as DLT partilhem princípios comuns de descentralização e segurança, as suas diferenças estruturais e funcionais abrem diversas perspectivas para a sua utilização. A cadeia de blocos continua a revolucionar as transacções digitais e os sistemas de confiança, enquanto as DLT oferecem maior flexibilidade e adaptabilidade para responder a uma vasta gama de necessidades industriais e comerciais. Em conjunto, estas tecnologias estão a moldar um futuro em que os sistemas descentralizados desempenharão um papel central na transformação digital da nossa sociedade.

CAPÍTULO 5

"Blockchain e Big data".

Blockchain e Big Data representam dois dos avanços tecnológicos mais significativos das últimas décadas.

Cada uma delas oferece benefícios únicos e apresenta desafios específicos. Este capítulo explora a forma como a integração de Blockchain e Big Data pode transformar vários sectores, melhorar a eficiência operacional e resolver alguns dos problemas mais prementes associados à gestão e análise de dados.

A Blockchain, enquanto tecnologia descentralizada, imutável e segura, oferece soluções robustas para a verificação e proteção dos dados. O Big Data, por outro lado, engloba as vastas quantidades de dados gerados diariamente por indivíduos e empresas, e requer técnicas sofisticadas para analisar e extrair valor. A intersecção destas duas tecnologias promete avanços revolucionários numa série de domínios, incluindo as finanças, os cuidados de saúde, a cadeia de abastecimento e muitos outros.

Os megadados cresceram exponencialmente com o advento das tecnologias da informação e da comunicação. Refere-se a todos os dados digitais maciços gerados todos os dias por indivíduos, organizações e objectos conectados. De acordo com as estimativas da International Data Corporation, o volume de dados gerados a nível mundial deverá atingir 175 zettabytes até 2025 (IDC, 2018). Esta explosão de dados oferece inúmeras oportunidades às empresas e organizações, nomeadamente em termos de tomada de decisões, competitividade e inovação.

Graças à análise de dados massivos, é possível detetar tendências, correlações e padrões ocultos que muitas vezes escapam aos métodos de análise tradicionais (Chen & Zhang, 2014). O Big Data também permite personalizar serviços e produtos de acordo com as necessidades e preferências dos clientes, melhorando assim a experiência do utilizador (Jung et al., 2018).

No entanto, apesar dos seus benefícios, o Big Data também coloca desafios e limitações significativas, nomeadamente em termos de privacidade e gestão de dados pessoais (Kitchin, 2014).

Juntamente com o surgimento da cadeia de blocos, o Big Data amadureceu e estabeleceu uma posição forte no mercado. Cada dispositivo ligado, os sensores omnipresentes e a Internet das Coisas (IoT) estão a gerar fluxos contínuos de dados, aumentando exponencialmente o volume de dados disponíveis. Até 2020, prevê-se que o volume de dados úteis ultrapasse os 16 zettabytes (Turner et al., 2014). A gestão eficaz desta informação e a extração de conhecimentos são agora vistas como vantagens competitivas fundamentais.

Este capítulo analisa a forma como a combinação da cadeia de blocos e dos megadados pode melhorar a fiabilidade, a segurança e a gestão dos dados. Explora também as potenciais aplicações desta integração em vários sectores e discute os desafios e oportunidades que apresenta para as empresas e organizações. Ao integrar estas duas tecnologias, é possível criar soluções inovadoras e sustentáveis que aproveitem os pontos fortes de cada uma para maximizar os benefícios e minimizar os riscos.

5.1. *GRANDES VOLUMES DE DADOS*

O Big Data é um domínio que cresceu exponencialmente nos últimos anos com o advento das tecnologias da informação e da comunicação. Refere-se a todos os dados digitais maciços gerados todos os dias por indivíduos, organizações e objectos conectados. De acordo com as estimativas da International Data Corporation, o volume de dados gerados a nível mundial deverá atingir 175 zettabytes até 2025 (IDC, 2018).

Os Big Data oferecem inúmeras oportunidades às empresas e organizações, nomeadamente em termos de tomada de decisões, competitividade e inovação. Com efeito, graças à análise de dados massivos, é possível detetar tendências, correlações e padrões ocultos que muitas vezes escapam aos métodos de análise tradicionais (Chen & Zhang, 2014), o Big Data permite também personalizar serviços e produtos, com base nas necessidades e preferências dos clientes, o que contribui para melhorar a experiência do utilizador (Jung et al., 2018). No entanto, apesar dos seus benefícios, o Big Data também apresenta desafios e limitações significativas.

Um dos principais desafios está relacionado com a proteção da privacidade dos indivíduos e dos dados pessoais, que podem ser utilizados para fins maliciosos ou discriminatórios (Kitchin, 2014). Além disso, o Big Data requer competências técnicas e recursos avançados, o que pode constituir um obstáculo para as pequenas empresas e organizações (Manyika et al., 2011).

Em suma, o Big Data é um domínio em rápida evolução, com benefícios e limitações para as empresas e organizações. Geri-lo de forma eficaz e responsável é crucial para maximizar os seus benefícios, minimizando simultaneamente os seus riscos e impactos negativos na sociedade.

 O IMPACTO DA CADEIA DE BLOCOS NOS MEGADADOS

A par do aparecimento da cadeia de blocos, o Big Data, por sua vez, amadureceu e estabeleceu uma posição forte no mercado. Dado que todos os dispositivos estão em linha, que os sensores estão omnipresentes no nosso mundo e geram fluxos contínuos de dados, que o volume de dados oferecidos e consumidos na Internet está a aumentar em várias ordens de grandeza, que a Internet das Coisas está a produzir uma pegada digital do nosso mundo.

[61]O volume de dados está a crescer exponencialmente e esperava-se que em 2020 houvesse mais de 16 zettabytes (16 triliões de GB) de dados úteis (Turner et al. 2014) .

Os grandes volumes de dados são tecnologias inovadoras que oferecem novas formas de extrair valor do tsunami de novas informações.

A capacidade de gerir eficazmente a informação e de extrair conhecimentos é atualmente considerada uma vantagem competitiva fundamental. Muitas organizações baseiam a sua atividade principal na sua capacidade de recolher e analisar informações para extrair conhecimentos e ideias.

No entanto, surgiram novos desafios: os riscos da circulação de dados, a fiabilidade das fontes de dados e a ineficácia da gestão e da análise dos dados atraíram gradualmente a atenção dos investigadores. A fim de responder a estes desafios e melhorar a segurança, a elevada disponibilidade e a credibilidade dos dados, foram efectuados numerosos estudos.

No sector dos grandes volumes de dados, são frequentemente encontradas três questões na utilização dos dados gerados, relativas à fiabilidade, à segurança e à gestão dos dados, sobre as quais a cadeia de blocos pode ter um impacto:

1. *Fiabilidade:* A veracidade dos dados é um dos principais desafios na exploração de dados cuja precisão analítica é afetada. Com o Big Data, a qualidade e a exatidão são menos verificáveis, e a falta de qualidade e exatidão resulta frequentemente em grandes volumes e relatórios de análise menos eficazes. No entanto, a combinação de Blockchain e Big Data pode ser uma solução melhor para lidar com este desafio que compromete sempre a qualidade dos resultados da análise de Big Data. A cadeia de blocos é um sistema de dados distribuído, seguro e à prova de adulteração baseado em algoritmos de consenso. Será também um repositório de dados verificados e escritos pelos membros deste ecossistema

federado, mantendo a sua consistência e integridade. O ecossistema regista todos os eventos à medida que o titular da identidade passa pelas várias etapas e fornece a cada entidade autorizada um historial verificável. Desta forma, o registo pode ser enriquecido e verificado sem limites, e a Blockchain mantém um registo de todas as acções registadas, eliminando a primeira fase exaustiva mas essencial da infraestrutura tradicional de Big Data: a limpeza dos dados.

2 Segurança: A integração da Blockchain na estrutura de gestão de Big Data resolve o problema da segurança graças às assinaturas criptográficas verificáveis matematicamente. Além disso, graças à utilização da árvore de Merkle, a Blockchain é imutável, o que significa que uma vez que os dados são adicionados à Blockchain, não podem ser modificados. Esta propriedade de imutabilidade permite à cadeia de blocos derivar dados de forma muito fiável. Além disso, a transparência da cadeia de blocos está em consonância com a atual tendência para os dados abertos, em dois aspectos: abertura jurídica, o que significa que o acesso aos dados é legal, tal como a sua exploração e partilha. Depois, há a abertura técnica, que significa que não deve haver barreiras técnicas à utilização dos dados. Em geral, os dados abertos são apenas dados não pessoais (Zyskind et al., 2015). Em termos claros, estes dados não incluem qualquer informação sobre indivíduos, por razões óbvias de privacidade. Além disso, a integração da Blockchain garante esta regra, uma vez que se baseia no anonimato e cada nó deste sistema é representado por um endereço.

3. *Gestão:* A capacidade da cadeia de blocos para armazenar dados públicos de forma segura, transparente e imutável elimina a possibilidade de adulteração ou manipulação por maus actores, promovendo simultaneamente a proteção dos dados e a disponibilidade contínua, uma vez que o conceito de cadeia de blocos não representa o problema do ponto único de falha (SPOF) (Lee, 2017).

No caso da distribuição e gestão seguras de dados, a investigação propõe a utilização da tecnologia da informação de uma solução descentralizada baseada em Blockchain para Big Data, apoiando funções-chave e discutindo as suas implicações para a gestão e sustentabilidade dos arquivos digitais (García- Barriocanal et al., 2017).

Outros investigadores apresentam um sistema que pode gerir dados de clientes de forma segura e distribuída utilizando primitivas criptográficas, bem como um serviço de pesquisa por palavras-chave (Jiang et al., 2020). Outro salienta a importância da confiança nos grandes volumes de dados e apresenta um sistema seguro de partilha de dados baseado na cadeia de blocos (Yue et al., 2017).

Em colaboração com um banco alemão, um grupo de investigadores está a utilizar métodos de investigação científica para conceber, implementar e avaliar protótipos de cadeias de blocos utilizados para gerir o fluxo de trabalho entre organizações. Os resultados são encorajadores e demonstram o potencial da cadeia de blocos como infraestrutura para gerir o fluxo de trabalho inter-organizacional (Fridgen et al., N. D.).

Figura 19: Os 8Vs do Big Data (fonte: eu próprio)

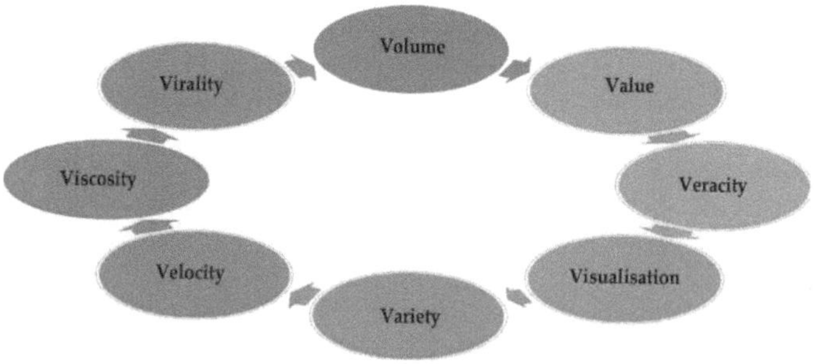

Big Data uma etapa dependente do Blockchain: uma ideia que pode impactar enfaticamente o Big Data para localizar um arranjo cada vez mais seguro das informações que circulam numa rede e garantir a segurança, a gestão e a veracidade das informações para garantir o seu valor (Kassou, M. et al., 2020). Um dos aspectos técnicos da combinação destas tecnologias é a utilização do armazenamento e do tratamento distribuídos. Os grandes volumes de dados requerem frequentemente sistemas de armazenamento e processamento distribuídos, como o Apache Hadoop ou o Apache Spark, para tratar grandes volumes de dados. Do mesmo modo, a cadeia de blocos assenta em registos distribuídos para armazenar e verificar transacções numa rede de nós.

Figura 20: Arquitetura clássica para a gestão de grandes volumes de dados

Fonte: produzido pelo autor

Ao integrar grandes volumes de dados e cadeias de blocos, é importante garantir que estes sistemas distribuídos possam funcionar em conjunto sem problemas. Para tal, é necessário examinar cuidadosamente os formatos de dados, as arquitecturas de armazenamento e os quadros de processamento. Vários ensaios de aplicações já viram a luz do dia, como os aplicados no projeto :

Setor financeiro: A combinação de megadados e cadeias de blocos pode permitir pagamentos internacionais mais rápidos e mais seguros, bem como a deteção e prevenção de fraudes. A IBM revelou que a integração de megadados com cadeias de blocos pode ajudar a reduzir os tempos de reconciliação de dados até 80% (IBM, 2018).

A Accenture revelou que a cadeia de blocos pode reduzir o custo dos pagamentos transfronteiriços até 40% (Accenture, 2018).

Gestão da cadeia de abastecimento: A combinação de grandes volumes de dados e cadeias de blocos pode aumentar a transparência e a rastreabilidade dos produtos, melhorando a eficiência e reduzindo os custos. A Universidade do Arkansas descobriu que a utilização de cadeias de blocos e de megadados na indústria alimentar pode reduzir o tempo necessário para rastrear produtos alimentares contaminados de dias para segundos (Universidade do Arkansas, 2019).

Setor da energia: A combinação de grandes volumes de dados e cadeias de blocos pode melhorar a eficiência e a segurança do comércio e da gestão da energia. De acordo com a publicação da revista Applied Energy, a cadeia de blocos pode permitir um comércio de energia peer-to-peer mais eficiente e seguro, o que pode reduzir os custos da energia e as emissões de carbono (Zheng et al., 2018).

Por sua vez, a Energy Web Foundation demonstrou que a cadeia de blocos pode melhorar os mercados de certificados de energia renovável (REC), aumentando a transparência e reduzindo os custos de transação (Energy Web Foundation, 2021).

Setor do retalho: A combinação de grandes volumes de dados e cadeias de blocos pode melhorar a transparência da cadeia de abastecimento e a confiança dos consumidores. De acordo com o Journal of Retailing and Consumer revelation, a cadeia de blocos pode permitir cadeias de abastecimento mais transparentes e seguras, o que pode aumentar a confiança dos consumidores e aumentar as vendas (Liu et al., 2020).

A Deloitte demonstrou que a cadeia de blocos pode ajudar os

retalhistas a reduzir os custos da cadeia de abastecimento até 10% (Deloitte, 2019).

Setor governamental: A combinação de grandes volumes de dados e de cadeias de blocos pode melhorar os serviços governamentais e aumentar a transparência. [70]Um estudo publicado no Journal of Government Information concluiu que a cadeia de blocos pode permitir serviços governamentais mais seguros e eficientes, como a votação e a gestão da identidade (Choudhury & Bandyopadhyay, 2019) .

Outro estudo do Fórum Económico Mundial concluiu que a cadeia de blocos pode ajudar os governos a reduzir a corrupção e a aumentar a confiança nas instituições públicas (Fórum Económico Mundial, 2018).

Cuidados de saúde: A combinação de megadados e cadeias de blocos pode melhorar a gestão dos dados, a privacidade e a segurança dos doentes e a eficiência global dos cuidados de saúde. [71]Por exemplo, um estudo publicado no Journal of Medical Systems concluiu que a utilização de cadeias de blocos para proteger os dados dos doentes num hospital pode reduzir em 50% o tempo gasto em tarefas administrativas (Shin et al., 2020) .

Outro estudo da Philips Healthcare explorou a utilização da

cadeia de blocos e da análise de grandes volumes de dados para criar uma plataforma segura e descentralizada para armazenar e partilhar imagens médicas. [72]Esta plataforma reduziu o tempo de partilha de imagens médicas entre prestadores de cuidados de saúde de dias para apenas alguns minutos (Philips, 2019) .

CONCLUSÃO

A convergência da Blockchain e do Big Data abre perspectivas sem precedentes para vários sectores económicos e sociais. A Blockchain, com a sua capacidade de fornecer um quadro seguro, imutável e descentralizado para a gestão de dados, está a revelar-se um complemento ideal para os desafios colocados pelos Big Data, particularmente em termos de fiabilidade, segurança e gestão. A integração da blockchain nos sistemas de Big Data não só aumenta a veracidade dos dados, como também melhora a proteção contra manipulações maliciosas e garante a total transparência das transacções. Além disso, esta combinação tecnológica pode simplificar consideravelmente a gestão dos dados, eliminando os pontos únicos de falha e garantindo uma disponibilidade contínua. Os benefícios desta sinergia são numerosos: no sector financeiro, pode acelerar e proteger os pagamentos transfronteiriços, reduzindo simultaneamente os custos das transacções; na cadeia de abastecimento, melhora a rastreabilidade e a eficiência dos processos logísticos; no sector da energia, facilita trocas entre pares mais seguras e eficientes; e no sector da saúde, protege a confidencialidade dos dados dos doentes, optimizando os processos de partilha de informações.

No entanto, apesar destas vantagens promissoras, continuam a existir desafios. A aplicação efectiva destas tecnologias exige uma colaboração interdisciplinar, a adaptação à regulamentação atual e uma infraestrutura técnica robusta. Além disso, é crucial garantir que os sistemas de cadeia de blocos e de megadados possam interagir sem problemas, o que exige uma análise cuidadosa dos formatos de dados e das arquitecturas de processamento.

Em conclusão, a combinação de Blockchain e Big Data representa um grande avanço que pode transformar a forma como os dados são geridos e utilizados. Ao ultrapassar os desafios técnicos e explorar plenamente o potencial destas tecnologias, as empresas e organizações podem não só aumentar a sua eficiência e competitividade, mas também contribuir para a criação de um ambiente digital mais seguro e transparente. Esta integração abre caminho a uma nova era de inovação em que a gestão de dados em massa é simultaneamente fiável e segura, abrindo horizontes inexplorados para a investigação e a indústria.

CONCLUSÃO GERAL

A cadeia de blocos, frequentemente referida como a quinta grande evolução das tecnologias da informação e da comunicação (TIC), destaca-se pela sua capacidade única de transformar as infra-estruturas digitais modernas. A sua integração com tecnologias de ponta como os megadados, a Internet das coisas (IoT) e a computação em nuvem abre perspectivas vastas e sem precedentes para muitos sectores económicos e sociais.

Ao fornecer um quadro seguro, imutável e descentralizado para a gestão de dados, a cadeia de blocos revela-se uma ferramenta indispensável para responder aos desafios actuais em termos de fiabilidade, segurança e transparência das transacções digitais.

Um estudo realizado pela Price Waterhouse Coopers (2018) mostrou que 84% das empresas inquiridas planeavam utilizar Blockchain em algum momento do seu negócio. Estas empresas vêem a Blockchain como uma tecnologia disruptiva capaz de reduzir custos, melhorar a eficiência dos processos e aumentar a transparência e a segurança das transacções. Este reconhecimento crescente da cadeia de blocos, tanto por parte das empresas como dos investigadores, testemunha o seu potencial revolucionário.

Descrita como uma "máquina de confiança" pelo The Economist em 2015, a cadeia de blocos é frequentemente comparada a outras tecnologias emergentes, como a IdC, a computação em nuvem e os grandes dados. Distingue-se pelo seu modelo de aplicação único e inovador, que combina armazenamento distribuído de dados, transacções descentralizadas entre pares, mecanismos de consenso automático, sistemas de gestão da informação, contratos inteligentes programáveis e algoritmos de encriptação dinâmica (Kassou et al., 2020).

De acordo com o relatório Gartner (2016-2017), a Blockchain foi classificada entre as tecnologias emergentes mais propensas a expectativas inflacionadas. No entanto, continua a provar o seu valor ao permitir transacções bidireccionais e multipartidárias num ambiente distribuído e descentralizado, ao mesmo tempo que oferece caraterísticas como o registo completo da rede, a proveniência da informação e a resistência à adulteração.

Além disso, a capacidade da cadeia de blocos para fazer cumprir as regras em caso de quebra de confiança é essencial numa sociedade em que uma grande parte das interações se baseia na confiança e na aplicação de regras.

As implicações sociais e económicas da cadeia de blocos são vastas e potencialmente polarizadoras, uma vez que a tecnologia poderá transformar profundamente a forma como estruturamos as transacções baseadas em valores e a própria sociedade (Al-Saqaf & Seidler, 2017). À medida que a cadeia de blocos continua a desenvolver-se e a ser implantada em grande escala, promete tornar-se uma importante força motriz na evolução dos sistemas digitais e das práticas comerciais em todo o mundo.

No sector da saúde, por exemplo, a cadeia de blocos pode garantir a confidencialidade e a segurança dos registos médicos dos pacientes, permitindo simultaneamente a partilha rápida e segura de informações entre profissionais de saúde.

No sector financeiro, facilita a realização de transacções transfronteiriças mais rápidas e mais baratas, reduzindo simultaneamente o risco de fraude graças aos seus mecanismos de verificação descentralizados.

A gestão da cadeia de abastecimento também beneficia da cadeia de blocos, que oferece uma rastreabilidade completa dos produtos desde a origem até ao destino final, melhorando a transparência, reduzindo a fraude e aumentando a eficiência dos processos logísticos.

Em termos de governação e de serviços públicos, a cadeia de blocos poderá revolucionar a gestão da identidade, a realização de eleições e a prestação de serviços administrativos. Ao proteger os dados e tornar os processos mais transparentes, esta tecnologia poderá reforçar a confiança dos cidadãos nas instituições públicas e reduzir a corrupção.

No entanto, a adoção da cadeia de blocos não está isenta de desafios. As empresas e os governos têm de ultrapassar os obstáculos técnicos, regulamentares e culturais para integrar plenamente esta tecnologia. A complexidade da implementação de sistemas baseados em cadeias de blocos exige competências especializadas e uma infraestrutura robusta.

Além disso, a necessidade de normas e quadros regulamentares adequados é essencial para garantir a adoção harmoniosa e segura da cadeia de blocos em grande escala. Em conclusão, a cadeia de blocos representa um desenvolvimento importante no panorama tecnológico atual. A sua capacidade de oferecer soluções seguras, transparentes e eficientes para a gestão de dados e transacções faz dela uma tecnologia fundamental para o futuro.

Ao explorar e explorar plenamente o potencial da cadeia de blocos, as empresas e as organizações podem não só melhorar a sua eficiência e competitividade, mas também contribuir para a criação de um ambiente digital mais equitativo e fiável. Esta integração abre caminho a uma nova era de inovação em que a gestão de dados em massa é simultaneamente fiável e segura, abrindo horizontes inexplorados para a investigação e a indústria.

Blockchain e Big Data, quando combinados, prometem resolver alguns dos problemas mais prementes do nosso tempo. Ao oferecerem soluções robustas para a gestão de dados e ao permitirem uma transparência sem precedentes nas transacções, estas tecnologias podem transformar as práticas empresariais e melhorar a confiança dos consumidores e dos cidadãos.

À medida que entramos nesta nova era digital, é crucial que continuemos a explorar, a inovar e a adotar tecnologias como a Blockchain para criar um mundo mais conectado, seguro e transparente.

Assim, Blockchain e Big Data não são apenas ferramentas tecnológicas, mas catalisadores de mudança que têm o potencial de redefinir as bases da nossa sociedade digital.

Ao adotar estas tecnologias com cuidado e responsabilidade, podemos abrir caminho para um futuro em que a gestão de dados e as transacções sejam não só mais eficientes, mas também mais justas e mais seguras. Ao fazê-lo, estamos a preparar o caminho para uma revolução digital que nos beneficiará a todos, criando um mundo onde a tecnologia serve a humanidade e não o contrário.

REFERÊNCIAS

1) Al-Saqaf, W., & Seidler, N. (2017). Tecnologia Blockchain para impacto social: oportunidades e desafios futuros. Journal of Cyber Policy, 2(3), 338-354.

2) Antonopoulos, A. M. (2014). Dominando o Bitcoin: desbloqueando criptomoedas digitais. O'Reilly Media, Inc.

3) Back, "Hashcash - A Denial of Service Counter-Measure," in USENIX Technical Conference, 2002.

4) Baliga, A. (2017). Compreender os modelos de consenso da Blockchain. Persistente, 4(1), 14.

5) Barriocanal, Elena.e al., (2017). Previsão de padrões em dados de admissão hospitalar. 10.4018/978-1-5225-2607-0.ch013.

6) Bonneau, J., Miller, A., Clark, J., Narayanan, A., Kroll, J. A., & Felten, E. W. (2015). SoK: Perspectivas e desafios de pesquisa para Bitcoin e criptomoedas. Em 2015 IEEE Symposium on Security and Privacy (pp. 104121).

7) Cao, S.; Wang, J.; Du, X.; Zhang, X.; Qin, X. CEPS: Um esquema de preservação da privacidade de registos de saúde electrónicos baseado em cadeias cruzadas. Em Proceedings of the ICC 2020-2020 IEEE International Conference on Communications (ICC), Dublin, Irlanda, 27 de julho de 2020; pp. 1-6. [CrossRef]

8) Castro, M. & B. Liskov,(1999), "Practical Byzantine fault tolerance," in Symposium on Operating Systems Design and Implementation, pp. 173-186.

9) Chen, H., & Zhang, H. (2014). Data-intensive applications, challenges, techniques and technologies: A survey on Big Data. Ciências da Informação, 275, 314-347.

10) Choudhury, T., & Bandyopadhyay, S. (2019). Blockchain no governo: uma revisão sistemática da literatura. Journal of Government Information, 163(1), 1-15. https://doi.org/10.1016/j.giq.2019.01.001

11) Coindesk (2018). Qual é a diferença entre Blockchain e Distributed Tecnologia Ledger? Recuperado em 14 de março de 2018, de https:// www.coindesk.com/what-is-the-difference-between-Blockchain-and- tecnologia de livro-razão distribuído

12) Eric Hughes é um matemático, programador informático e cypherpunk americano. É considerado um dos fundadores do movimento cypherpunk.

13) Fridgen, Gilbert & Guggenmos, Florian & Regal, Christian & Schmidt,

Marco (2017). Big Data bate a engenharia na avaliação do desempenho energético residencial - um estudo de caso.

14) Gartner. (2020). As 10 principais tendências tecnológicas estratégicas para 2020.

15) Haber, S., & Stornetta, W. S. (1991). Como marcar a hora num documento digital (pp. 437-455). Springer Berlin Heidelberg. 19 Back, A. (2002). Hashcash - uma contra-medida de negação de serviço.

16) IBM. (2020.). O que é uma Blockchain? Recuperado em 14 de março de 2020, de https://www.ibm.com/topics/Blockchain

17) IDC. (2018). O crescimento dos dispositivos conectados e do Big Data levará o total mundial de dados a 175 zettabytes até 2025. Obtido em https://www.idc.com/getdoc.jsp?containerId=prUS44498218

18) Investopédia. (n.d.). Definição de Blockchain. Recuperado em julho de 2020, de https://www.investopedia.com/terms/b/Blockchain.asp

19) Jiang, S., Cao, J., Wu, H., & Yang, Y. (2020). Empacotamento baseado em justiça de dados IoT industriais em blockchains com permissão. Transações IEEE sobre Informática Industrial, 17(11), 7639-7649.

20) Jung, H., Song, J., & Kim, K. (2018). Personalização na era do Big Data: Uma revisão das tecnologias e desafios de ponta. Journal of Business Research, 88, 1-11.

21) Kassou, M. e al, (2020). As aplicações baseadas em Blockchain. Revista Internacional de Inovação e Ciência Aplicada Moderna, 3(3), 1-5, 2020 ISSN: 26658984.

22) King, S. & Nadal, S. ,(2012). "PPCoin: Criptomoeda ponto a ponto com prova de participação".

23) Kitchin, R. (2014). A revolução dos dados: Big Data, dados abertos, infra-estruturas de dados e suas consequências. Sage Publications.

24) Lamport. L., R. Shostak e M. Pease, (1982), "The Byzantine Generals Problem," Acm Transactions on Programming Languages & Systems, vol. 4, pp. 382-401.

25) Lee, C. K. M., Cao, Y., & Ng, K. H. (2017). Análise de big data para estratégias de manutenção preditiva. Em Supply Chain Management in the Big Data Era (pp. 50-74). IGI Global.

26) Li, C.-T.; Shih, D.-H.; Wang, C.-C.; Chen, C.-L.; Lee, C.-C. Um esquema de agregação de dados baseado em Blockchain e autenticação de grupo para sistema médico eletrônico. IEEE Access 2020, 8, 173904-173917. [CrossRef]

27) Li, X., Jiang, P., Chen, T., Luo, X., & Wen, Q. (2017). Uma pesquisa sobre a segurança dos sistemas Blockchain. Sistemas informáticos de geração

futura, 82, 1-13.

28) Liu, X.; Wang, Z.; Jin, C.; Li, F.; Li, G. Um esquema de compartilhamento e proteção de dados médicos baseado em blockchain. IEEE Access 2019, 7, 118943-118953. [CrossRef]

29) Máquina de encriptação inventada por Arthur Scherbius e Richard Ritter em 1918.

30) Manyika, J. et al. (2011). Big Data: The Next Frontier for Innovation, Competition, and Productivity [Grandes dados: a próxima fronteira para a inovação, a concorrência e a produtividade]. McKinsey Global Institute.

31) Maqsood, F., Ahmed, M., Ali, M. M., & Shah, M. A. (2017). Criptografia: uma análise comparativa das técnicas modernas. Revista Internacional de Ciência e Aplicações Informáticas Avançadas, 8(6).

32) Mingxiao, D. & al., (2017), "A review on consensus algorithm of Blockchain," IEEE International Conference on Systems, Man, and Cybernetics (SMC), Banff, AB, Canada, 2017, pp. 2567-2572, Doi: 10.1109/SMC.2017.8123011.

33) N. A. Advani e A. M. Gonsai, "Performance Analysis of Symmetric Encryption Algorithms for their Encryption and Decryption Time", 2019 6th International Conference on Computing for Sustainable Global Development (INDIACom), Nova Deli, Índia, 2019, pp. 359-362.

34) Nakamoto, S. (2008). Bitcoin: Um sistema de dinheiro eletrónico peer-to-peer. Decentralized business review, 21260.

35) Nakamoto, S. (2008). Bitcoin: Um sistema de dinheiro eletrónico peer-to-peer.

36) Nofer, M., Gomber, P., Hinz, O. et al. Blockchain. Bus Inf Syst Eng 59, 183-187 (2017). https://doi.org/10.1007/s12599-017-0467-3

37) Philips.(2019).partilha de dados de radiologia baseada em cadeias de blocos
plataforma: segura e descentralizada. Obtido de https://www.usa.philips.com/healthcare/sites/healthcare/files/2019-05/philips-blockchain-case-study-radiology-data-sharing.pdf

38) Price Water House, (2018), "blockchain is here. Qual é o seu próximo passo?" https://www.pwccn.com/Global-blockchain- survey-2018.

39) Schmandt, C., & Casner, S. Information Sciences Institute-University of Southern California.

40) Shin, S., Choi, S., Kim, J., Kim, J., & Cho, K. (2020). Sistema EHR seguro baseado em blockchain para compartilhamento de dados de saúde. Journal of Medical Systems, 44(3), 17. https://doi.org/10.1007/s10916-

020-01597-3

41) Swan, M. (2015). Blockchain: projeto para uma nova economia. O'Reilly Media, Inc.

42) Szabo, N (1998), Bit Gold, https://nakamotoinstitute.org/bit-gold/

43) Tapscott, D. e Tapscott, A. (2016) Blockchain Revolution: How the Technology behind Bitcoin Is Changing Money, Business, and the World. Penguin, Nova Iorque. https://www.amazon.com/Blockchain-Revolution- Technology

44) The Economist (2015). A máquina de confiança. Recuperado em 2 de abril de 2020, de https://www.economist.com/leaders/2015/10/31/the-trust- máquina.

45) Turner, V., Gantz, J. F., Reinsel, D., & Minton, S. (2014). O universo digital de oportunidades: dados ricos e o valor crescente da Internet das coisas. Rep. da IDC EMC.

46) Wang, Y.; Zhang, A.; Zhang, P.; Wang, H. Compartilhamento de EHR assistido por nuvem com segurança e preservação de privacidade via Consortium Blockchain. IEEE Access 2019, 7, 136704-136719. [CrossRef]

47) Wei. Dai, Y. Wang, Q. Jin e J. Ma. (2016), "An integrated incentive framework for mobile crowdsourced sensing", em Tsinghua Science and Technology, vol.
21, no. 2, pp. 146-156, abril de 2016, doi: 10.1109/TST.2016.7442498.

48) Fórum Económico Mundial. (n.d.). O que é uma Blockchain e como funciona? Recuperado em maio, 2016, de https://www.weforum.org/agenda/2016/06/what- is-Blockchain-and-how-does-it-work/

49) Yue, L., Junqin, H., Shengzhi, Q., & Ruijin, W. (2017, agosto). Modelo de big data de compartilhamento de segurança baseado em blockchain. Em 2017, 3ª Conferência Internacional sobre Computação e Comunicações de Big Data (BIGCOM) (pp. 117-121). IEEE.

50) Zheng, Z., Xie, S., Dai, H. N., Chen, X., & Wang, H. (2018). Uma visão geral da tecnologia Blockchain: Arquitetura, consenso e tendências futuras. No Congresso Internacional do IEEE sobre Big Data (pp. 557-564). IEEE. doi: 10.1109/Big DataCongress.2018.00094

51) Zyskind, G., & Nathan, O. (2015, maio). Descentralizando a privacidade: usando Blockchain para proteger dados pessoais. Em 2015 IEEE Security and Privacy Workshops (pp. 180-184). IEEE.

Printed by Books on Demand GmbH, Norderstedt / Germany